ギャバガイ!

「動物のことば」の先にあるもの

デイヴィッド・プレマック［著］
橋彌和秀［訳］

勁草書房

GAVAGAI!
: Or the Future History of the Animal Language Controversy
by David Premack

Japanese translation published by arrangement
with The MIT Press through The English Agency (Japan) Ltd.

謝辞

このシリーズ[1]のエディターであるリラ・グライトマンに感謝する。彼女の有益なコメントが最初に、この原稿を本にすることを後押ししてくれたのだ。ドロシー・チェイニーとロバート・セイファースは動物のコミュニケーションに関して、フィル・リーバーマン[2]は言語の進化に関して（彼の助言から私が外れている場合には、その責任はひとえに私にある）、彼らの該博な知識を私に与えてくれた。ウォルナッツ・ストリートでのビル・レイボフ[3]との行き当たりばったりの会話は、彼が思っているだろう以上に多くの道筋を照らしてくれた。ジョナサン・ベネットとノーム・チョムスキーにも特に感謝したい。彼らは、私が草稿を送るたびに、四‐五ページにわたるアドバイスを返して

（1）本書はＭＩＴプレスによる「学習、発達、概念変化」シリーズの一冊として出版された。
（2）フィルはフィリップの愛称
（3）ビルはウィリアムの愛称

くれた。彼らのコメントはいつも、私の尽きせぬ素晴らしい経験の軸となってくれている。今回に限ったことではないが、妻であるアン・ジェームス・プレマックは、彼女の閃きを、寛大にも私に降り注いでくれた。彼女は、文章の書き手として長年私に「パラグラフとは何か」を教え続け、私がいまだに「果てしなく斬新」なパラグラフを書いてしくじるたびに、くじけることなく訂正しようとしてくれる。

ここに紹介する研究は、アメリカ国立科学財団からの援助を受けた。そして「ギャバガイ」は、もちろん、クワインの『ことばと対象』から採られたものだ。同書は、何世代にも渡って読み継がれるべき古典である。

ギャバガイ！

「動物のことば」の先にあるもの

目次

目次

凡　例

1．原則として、原文でイタリック表記となっている語句は、ゴシック体で表記した。
2．訳者による補足は傍注とした。

序章

チンパンジーの言語研究が始まったころ、この問題に関する討論には、伝道集会のような趣きがあった。予定されていた議事進行の途中で聴衆の一部が立ち上がり、フロアからの非公式の討論になってしまったのを私も三回ほど覚えている。そういった討論で語られることは、表面的には違っていても本質的にはいつも同じだった――「ヒトはユニークな存在だ」、というのだ。この主張は公式の討論でも退けられないばかりか、議論が普通に進んでも、たいてい同じことが再確認されてしまい、さらに耳目を集めることになった。一部の人々にとっては、ヒト以外の動物が言語をもつ可能性を考えることすら、ヒトのユニークさを脅かすことだったのだ。「一九世紀の終わりまでに、ダーウィンによって（少なくとも教育を受けた人々のあいだでは）『藪』はほぼ刈り払われた」という巷の観測は、どうも時期尚早だったようだ。

こういったチンパンジー研究が感情的な強い反応を引き起こすことを予期するのは、誰にだってできたはずだ。それでも、そのような状況に備えておくのは困難だった。近年の実証主義的心理学において、これに比肩しうるような影響を及ぼした話題がほとんどなかったからだ。メディアがこの研究に興味を向けてきたことも、感情を煽りつづけてきた。心理学の実験室でおこなわれる研究のほとんどは、世間からとくに注目を集めることも面白がられることもないものだが、チンパンジーの言語研究は、つねに公衆の面前でおこなわれてきた。しかし、そうすることによって感情が沈静化されることはほぼなかったし、また同じく（残念ながら）、研究の質を維持する上で役に立つわけでもなかった。類人猿が「話をする」ばかりか、「過去・現在・未来について語る」ことさえ、あっという間に分かってしまったりするくらいなのだから（Patterson, 1978）(4)！　科学がメディアの目にさらされることはたしかに重要だ。しかし、いったんそうなってしまうと（メディアだけに責任を負わせるわけにもいかないので言い換えるとすれば、「際限なくそうでありつづけようとすると」）、はたしてそれを科学と呼びつづけることができるだろうか。

この騒動を予見できなかったのは、「ヒトとは何か」にいささかでも関わる研究はどれも似たような影響を持つということが認識されていなかったからだ。社会生物学をめぐる論争など、まさにその例といえる。つい一九世紀までは聖職者たちが「ヒトとは何か」を定義していたのが、その役割は、今では科学者たちにとってかわってしまったのだ。「聖職者よりも互いのコンセンサスが取れている」どころか、おそらくは「聖職者ほどのコンセンサスも取れていない」集団に。

チンパンジーの言語研究が開始された時期もまた、騒ぎを大きくする一因だった。この研究が始まった一九六〇年代中頃（Premack & Schwartz, 1966）、アメリカの心理学は一〇年ほどかけて合理主義に回帰しつつあった。合理主義が決定的な勝利を得るには至っていなかったが、境界が組み代わり、いざこざがくり返されるのにうってつけの時期だった。両陣営の指導者たちは早々に、チンパンジーの言語プロジェクトと接触したのだ。心理主義者（mentalist）たちが、科学的なプロジェクトというよりは実利的に考えていた一方で、衰退の路を一〇年来辿っていた行動主義者（behaviorist）たちは、これまでの負けを一気に取り戻すチャンスだと考えた。

アメリカの知的風土の特異性が、論争のトーンに影響していたことも間違いないだろう。中西部の人間からみると、東海岸は、万事に過熱しすぎる場所柄だ。中西部での理性的な論争は、ことの本質に根ざしたものだ。文化的・社会、政治的な要因が入り込むことはほとんどない。諍いも、覇権を争うようなものではなく、議論は実証主義の典型といえるようなかたちで落ち着いていく。しかし、東海岸ではそういうわけにはいかない。理性的な議論はあっという間に政治的な闘争へと姿を変え、部外者にとっては驚くべきことだが、追随者がどれだけいるか、学問のヒエラルキーのどのあたりが追随しているのか、専門用語にどのくらい通じているか、メディアとのコネがあるか、国際会議にどのくらい出ているか――つまりはどれだけの「力」があるか――が、重要になっていく。中西部も、遅くとも二、三〇年前には（5）（沿岸部の影響が混入したせいだろう）同じようになって

（4）センセーショナルな注目を集めた一方でその妥当性に批判も多い、パターソンによるゴリラの「ココ」のプロジェクトを念頭に置いている。
（5）一九六〇年代

しまったが、私が学生の頃には、中西部はアテネ市民の理想に近い、純朴で非・政治的なところだったのだ。(6) しかし、動物言語論争は中西部でなく東部で始まった。このことが、理性的であるべき論争の背景に多くのスティグマを負わせることになった。

生物学者もまた、この研究をめぐる社会的・政治的なゴタゴタに飛び込んできて、結果的には、行動主義者よりも重要な参加者になった。認知科学の理想が現実味を帯びるのと同時期に（とはいえ、統語論が占める小さな一角を除けば、はっきりした体系さえ持っていないのが実際のところだったが）、生物学は、遺伝学と進化とが結びつくことを通して目覚ましい成長を遂げた。社会生物学は、まさにこの結びつきによって生まれたネオ・ダーウィニズムがもたらした普遍的プログラムの中でも、最強のものだ。最終的なもの、というわけではないが（生物学の強力な理論体系は、余分なプログラムを確実に放棄してゆくだろうから）。

生物学は、しゃべらない類人猿／しゃべる類人猿、どちらの主張とも手を組むことができた。見方によっては、生物学は始めから合理主義の相棒だ。「合理主義」は、身体と精神との両面に遺伝が影響を与えることの証左として筆頭に挙げることができる。合理主義の先駆けとなるようなころの構造は、経験の産物ではなく遺伝子の産物なのだ。しかし一方で生物学者は、「ヒトとヒト以外の生物とが疑いもなく連続的である」という立場を無条件にとっている。そのため、なにかの拍子に合理主義者が言語やそのユニークさについて語りだすと、（特に生物学者にとっては）それはヒステリックで、科学的というより人間中心主義的（連続性の大敵だ）に響くことになるのだ。その結果、最初から合理主義者側についた者（たとえばルリア）と連続主義者側についた者（モノー、ジャコブ、参考としてピアテリ・パルマリーニ（1981））とがそれぞれわずかずついるだけで、大多数の生物学者は連続性の問題にあっという間に絡め取られ、身動きが取れなくなってしまった。彼らにとっては、しがらみを解き放った上でこころの構造の遺伝的基盤といったさらに先の本質的な問題に手を伸ばすなど、できない相談だったのだ。結局のところ、生物学者の大半は、「しゃべらないほう」ではなく「しゃべるほう」の類人猿、すなわち、彼らの考え通りにヒトと連続しているほうを熱心に支持することになった。

「言語のミッシング・リンク」という考え方は、進化理論にとってほんとうに論理的必然性のある問題なのだろうか、それとも、進化理論なるものが単純すぎるあまりに引き起こされた、感情絡みの厄介ごとにすぎないのだろうか。進化理論のどの教義をもって「動物の鳴き声システムとヒトの言語との間に中間的な形態があるはずだ」などと言えるのだろう。そもそも、なにを「中間的」とみなせばいいのか。ヒト言語と相同なシステムを探し出そうとするなら、動物の音声システムは、おそらく、ふさわしい尋ね先ですらない。結局のところヒトの言語は、単一のコミュニケーション・システムに終始するわけではないのだから。期待するような連続性がうまく見いだせそうなのはむしろ、知覚は当然として、概念体系や、心的表象あたりだろう。さらには、対象とする種ごとのあらゆるシステムに適用可能な、類似性に関する単一の尺度が見いだせる根拠もどこにもない。数量的能力のミッシング・リンクが存在しても我々がうろたえたりはしないことを、考えてみてほしい。数量的能力に関する類人猿とヒトとの非連続性は、コミュニケーション能力に関するものと同じくらい大きなものだというのに。一方の非連続性は我々をうろたえさせるが、他方ではそんなことはない。どういうことだろう。進化理論では、どんなふうに説明できるのだろう。「連続性」という想定には、残念ながら、本質的というよりむしろ、ある意味で感情的なものが含まれているのだ。実は私自身も、言語の進化的起源に関するこのような問題と取っ組み合っているとき、途方に暮れて生物学者に手助けを求めてしまうことがある。しかし、何かの助けが得られることは、まずない。

かといって、言語学者が、我々の求めるとおりに動物言語研究を助けてくれるわけでもない。答えを求めている問いは、非常に抽象的なものなのだ。「言語とは何か?」我々はどんな属性にもとづいて、あるシステムを言語だとみなしているのだろう。答え方次第で、システムの構造を強調したり機能を強調したりすることになるわけだが、両方に触れた上で、特定の機能を支える構造をあきらかにする答えこそが模範解答といえそうだ。ヒト言語に特異的な属性に関心を寄せる言語学者でも、概して、このような当たり前の問いを発してこなかった。「ヒト言語こそがこの惑星に存在する唯一の自然言語である」という彼らの認識からすれば、筋違いともいえないことなのだろうが。しかし、ヒト言語の特異性を並べ立てたところで、ここでの問題への十分な答えになるようには思えない。

たとえば、考えてみよう。質問とは何か。要求とは、叙述とは、命令とは、約束とは。ヒトの言語には、ここに挙げたどころか他にも無数の様式が存在する。ハチのコミュニケーション・システムでは、そんなことはない。では、このことで、ハチのシステムは言語とみなされないことになるだろうか。それとも、様式の種類は「システムが言語であるかどうか」を決める核心などではなく、二次的な問題なのだろうか。ヒトのと全く同じ言語システムを類人猿に教えようとして、失敗したとする。類人猿のシステムは、不十分なものでありながら、それでも興味深いものでありうるだろうか。それとも、失敗によって即座に不適格とみなされ、一切の興味が失われてしまうのだろうか。要するにここでは、あるシステムを言語とみなすかどうかの基準に関する議論と、その基準に対する評価とが求められているのだ。しかし、ことに言語学の文献では、こういった議論はほとんど見られない。

近年の文法理論の増加――変形文法（Chomsky, 1965, 1980）、語彙機能文法（Bresnan, 1978）、対弧文法（Johnson & Postal, 1980）、関係文法（Perlmutter, 1980）――は、この物足りなさを補ってくれそうにも思える。選択肢がこんなに揃ってくれたおかげで、構造上のさまざまな可能性をより豊かに説明できるようになるには違いない。しかし、これらの選択肢がどれもヒト「お得意」の文法であることには注意しておく必要がある。構造の複雑さ（「システムは、能力が様々に異なる生物種それぞれにとってふさわしいものであれ」という認知の要請、といいかえることもできる）に沿って連続的に並べられるような文法のセットがひと揃い手に入ったわけではないのだ。もちろん、このような説明を言語学者にねだってばかりいないで、言語学者と認知科学者とが力を合わせなくてはならない。認知科学者は言語学者に対して、次のような助言をすることができるはずだ。ある生物が特定の構造を実現するのにどのくらいのコストがかかるのか。その生物に備わった資源が、どうやってあるなんらかの形式をとるのか。形式の相違が、そのシステムによって実行可能となった個々の機能——真理の主張・叙述・質問など——にどのような影響を及ぼすのか。要するにわたしたちには、少なくとも三次の関係——機能と構造とを結びつける関係と、この関係と資源とを結びつける関係——が欠かせない。埋め込み文や右回帰文をヒトの短期記憶の限界と結びつけたミラーとチョムスキーの先駆的な取り組み（Miller & Chomsky, 1963）は、こういった試みのひとつといえる。ある意味では、ウェクスラーとクリコヴァー（Wexler & Culicover, 1980）やワナーとマラツォス（Wanner & Maratsos, 1978）らの最近の研究も同様だ。とはいってもこれらの研究成果も、さしあたっては、こういった問題に深入りすることにはならなそうだ。我々の無知さ加減を突きつけてくれる以上には、役に立たないのだ。

必要としている道筋を理論言語学が示してくれなかった一方で、実際に助けになったのは、幼児の言語発達研究を通じて得られた心理言語学の知見だった。というのも、幼児は成人の言語を備えていないにもかかわらず、幼児が実際に備えているシステムは言語であるとみなされるからだ。そう「みなされる」のは、幼児は語——おとなの語とどうも同じように使用され、そのうちには文（といってもおとなと同じようにはいかないが）として組み合わせられるユニット——を使っているように見えるからだ。この立場の厄介なところは、「なにをもって語とするのか」がはっきりしない点だ。とはいえやはり、言語の獲得と幼児期初期のシステムとを扱う研究者が直面する問題は、類人猿の言語研究のそれと似ており、前者は、後者の知見の助けになる。実際たとえばガードナー夫妻のように、類人猿と幼児を単純に比較することで、「言語とはなにか」「どうやって類人猿がうまくできているかの判断をすればいいのか」という問題にかたをつけようとした研究者もいた。類人猿に子どもと同じことができるようになるのなら、類人猿には言語がある。そうでなければ言語はない。これは見事なほどシンプルな解決法といえるが、残念ながら支持することができない。大きな弱点が少なくともふたつあるからだ。

一点目は、まったく技術的な問題だ。手話を使用しているかもしれない類人猿と比較するのに適切なのは手話を使用する子どもになるが、手話に関しては、まだ解明されていないことがあるばかりか、手話を獲得しつつある、あるいは習熟過程にある子どもについては分からないことだらけだ（もっとも、この欠陥はニューポートとスパラなど（Newport & Supalla, 1980; Bellugi & Klima, 1975）によって補われてきた）。二点目は、より根本的なもの。額面どおりの意味で「子どもとおなじこと」など不可能で、子どものすることのうち、主なもの、重要なものを採りあげるしかないことだ。「額面どおり」にいかないのは、「子どもはするけれど類人猿はしないこと」が無数にあり、その逆もまた然りだからだ。例を挙げれば、子どもは手話を生成しながら時折くしゃみをするが、類人猿ではそんなことはしない。逆に類人猿は、食物を前にして手話を生成するときにグラントを発することがよくあるが、子どもではそんなことはない。「こういう事例を『無関連なノイズ』として識別するような基準なら簡単に設けられる」と言うのであれば、それは、そのような基準の必要性を認めることになり、ことが進めば基準はどんどん複雑になっていく。例を挙げれば子どもの場合は、異なる表情表出が手話サインと結びつくことで、さまざまな文法上の差異が生み出される。しかし、類人猿ではそういうことはなさそうだ。というのも、類人猿の表情表出は、自発的なコントロールが完全に可能なわけではなく、多分に反射的なものだからだ（Chevalier-Skolnikoff, 1976）。さらに重要なのは、類人猿は、サインを繰り返したり、関係のないサインをほとんどすべての発話に挿入したり、順序を無視したりということを、少なくとも子どもでは見られないほど頻繁におこなう点だ。これらの相違は重大なものだろうか、それとも「無関連なノイズ」なのだろうか。これをはっきりさせるには、（もちろん、言語とはなにかを見定めた上で設けた）基準をしっかりと据えなくてはならない。さらに言えば、子どもと類人猿について我々がおこなう比較は常に、「比べる価値のあるものはなにか」をはっきり見定めた上でおこなわれるべきだろう。こういった見定めが（あまりにも）しばしば暗黙のままにおこなわれているからといって、見定めをおこなわなくてよいことにはならないのだ。

心理言語学者からもたらされた知見に加えて重要な助けになったのが、アメリカ手話（ASL）だった。ASL の研究は、音声言語を取り巻く擬人主義のバリアをうち破り、言語を媒介するものが物理的になんであるかにかかわらず、あらゆる言語に通じる特性を見いだそうという試みにつながっていった（Klima, 1975; Klima & Bellugi, 1979 を見てほしい）。

ある意味では、動物言語研究にとっては、認識論や言語哲学から得るものの方が、言語学そのものから得るものよりも大きいのだ。参照・真理・命題などは哲学用語であり、言語学用語ではない。こういった用語は、我々が求めるような抽象性を備えており、そこからもたらされる問いは、統語論がもたらしてくるよりはましなものになる。というのも、統語論からもたらされる問いはヒト中心主義的であり、ヒト言語の特性から逃れられていないからなのだ。

『ことばと対象』（Quine, 1960）においてウィラード・ファン・オーマン・クワイン（Willard van Orman Quine）は、翻訳場面を用いることで意味・真理・参照に関する強力な検証をおこない、こう結論づけた。まったく未知の言語に遭遇したフィールド言語学者が、その言語を首尾良く翻訳あるいは解読することは不可能だ、というのだ。件の学者は、克服不能な難題に直面することになるらしい。では、未知の種に言語を教えようとするときに我々が直面せざるを得ない、克服不能な難題についてはどうだろう。チンパンジーの語らしきものや文らしきものは、うまく解釈できそうだろうか。

実際のところそれは可能、それも、言語を同じくする仲間に対するのと同じくらい十分に可能だ。では、心理主義者たちがずっと主張してきたように、クワインは間違っていたのだろうか。私が思うには、たしかにクワインは間違っていたが、決して、心理主義者たちが言うような意味で間違っていたのではない。彼は行動主義的方法をみくびっていたのだ。厳密に行動主義的な方法によって、クワインが考えていたよりも深いレベルで、意味に関する分析をおこなうことができる。もしもクワインが打ち負かされ、彼の見解が動物言語研究にもたらしていた悲観主義が撤廃されるとすれば、それは心理主義によってではなく、彼が考えていたよりずっと強力でもっと徹底された行動主義によってだ。

心の哲学者の中には、言語の謎の核心は意味や真理でなく志向性や信念の問題だと考える者もいる。ヒト以外の生物が言語を使用している可能性を論じる場合に、グライス（Grice, 1975）やベネット（Bennett, 1976）、デネット（Dennett, 1971）が最初に問いかけようとすることはおそらく、「その使用は意図的か否か」だろう。「意図的か」と問うときに彼らが注目しているのは、もちろん、発話者の意図だけではない。発話者が受信者に帰属する意図、受信者が発話者に帰属する意図、「受信者から自分に向けられている」と発話者が信じている意図、などについても注目しているのだ。意図というのはあらゆる心的概念の中でもとりわけ不明瞭な（不十分な）ものなので、グライス、ベネット、デネットの問いに答えるのがきわめて難しいことも、驚くにはあたらない。

しかし、この問いに答える道具立ては手近なところ——学習理論や社会心理学——にありそうだ。これら二分野はどちらも、意図の問題を専門にしてきた。しかし、そうしてきたのはあくまでも限定的な意味においてであり、問題が全面的に解決されているわけではない。わたしが意図と信念を持っているとあなたは信じているし、あなたがそれらを持っているとわたしも信じている。このような帰属をおこなうのはわたしたちヒトだけなのだろうか。ヒト以外の動物も、他者に意図と信念とを帰属しているのだろうか。残念ながら、学習理論や社会心理学にすがっていては、このような根本的問いかけにさえも答えられないのだ。

学習理論からの助けは、とても期待できそうにない。というのも、研究対象に対してあらゆる注意を払ったにもかかわらず（Tolman, 1932; MacCorquodale & Meehl, 1951; Irwin, 1971 を見よ）、学習理論は個別事例にばかりとらわれて、帰属の問題に到達することは決してなかったのだ。トールマン（Tolman）らは、「ラットには意図があるのか？」とは問うたが、「ラットは他者に意図があると考えているのか？」とは問うことはなかった。チンパンジーが「話した」として、そのチンパンジーが聞き手に意図を帰属しているか、聞き手はチンパンジーに対してどうか、といったことを我々が見定めようとする際にあきらかにすべきは、もちろん、後者の問い（「他者に意図があると考えているか？」）なのだ。

一方、社会心理学は、個別事例にとらわれることはなかったものの、ヒト以外の動物について真剣に検討することがなかった（この意味で、「ヒトの属性」以上の生物学的な基盤を持たなかった）。ヒトだけを検討の対象にするにあたって、社会心理学は、そのヒトが言うこと、信じていること（これは、「言うこと」から推定される）に頼ってきた。社会心理学は、帰属の問題に夢中になっていたにもかかわらず、ヒト以外のしゃべれない生物において帰属がどのようなものか問うてこなかったのだ。しかし、動物言語研究に関する問い――そして、たとえばベネット（Bennett, 1976）が提示したような意図に関する分析のたぐい――に対する公正を期すならば、我々はヒト以外の動物における具体例と（意図と信念の）帰属との両方を示すことができなくてはならない。このためには、個人・個体が言ったことから構成されるのではない（構成しえない）あらたな事実が必要とされる。最終的には、チンパンジーが心の理論（Premack & Woodruff, 1978）を備えているかどうかを問わねばならないし、もしあるならば、ヒトのものと比較してどんなものなのかを問わねばならない。意図性は、心的表象と同様に、認知の中心問題だ。認知に生物学的な基盤を与えることを試みる――ヒトの精神生活とヒト以外の動物の精神生活とに連続性があるかを問おうとする――ならば、これらの問題を避けて通ることはできない。

次に、動物言語を考える上で大きな役割を果たしていてもよさそうなものなのに、実際にはなんの役割も果たしてこなかった論点をふたつ、とり上げよう。ひとつめは「サイン」対「シンボル」、あるいは「記号」対「恣意的シンボル」というもの。言語とコミュニケーションとに関する初期の論考（Morris, 1946 を見よ）では舞台の中心に据えられていた対比方法だ。しかし、これらはすべて現在の論争には登場しなくなった。これは、私が思うには、「包括的なコミュニケーション理論のタマゴたち（システム論（Bates, 1979）や記号論）は、得てして手が込みすぎるそれぞれの能書きを越えられなかった」ということなのだろう。とはいえ、これら理論のタマゴたちは、成立の途上で足止めを食らっているだけなのかもしれない。動物言語論争にこれらの対比が取り入れられなかったのは、それらが実験室研究にとってあまりにも無縁のものだったからだろう。現実のコミュニケーションが、こんな人為的な環境下で花開くとも思えないために、包括的なコミュニケーション理論が縁のないものに見えるだけなのだ。とはいえ、霊長類のコミュニケーションに関する野外研究が、実験室研究以上に、包括的コミュニケーション理論の発展への貢献を果たしてきたわけでもない。ではなぜ、コミュニケーションは、生物学的機能として特権的な位置を占めてしまっているのだろう。コミュニケーションに劣らず普遍的な他の生物学的機能（呼吸・消化・排泄・繁殖・体温調整）が、包括的理論の源になったことはないというのに。ここで問うべきは、「どうしてコミュニケーションは包括的理論にもとづく科学になり損ねたのか」ではなく、このような展開の仕方を踏まえた上で、「包括的理論と銘打つことができるようなごくわずかのケースに備わっている属性とはどんなものだろうか」ということだ。「普遍性」とか「広く一般的にみられる現象であること」は、十分条件では決してないのだ。

象徴遊びも、「記号」対「シンボル」の対比と同様の宿命を背負って、動物言語研究の中心的トピックになってはこなかった。しかし、だからといって象徴遊びを無視してしまうのはもったいない。全般的な表象能力を言語発達と結びつけるのは不合理なことではないし、象徴遊びは、それが自発的におこなわれた場合、表象能力の指標と考えることもできるからだ。私が思うに、もともと備わった生得的な能力は、能力ごとに固有な表出のされ方をし、それらは、個々の能力の強度や発達の度合いに比例しているのではないだろうか。例を挙げれば、象徴遊びはチンパンジーではほとんど見られないが、ヒトの子どもではよく見られる。この違いはそれぞれの種における表象能力の発達の度合いに比例した違いなのではないか、と私は考えている。

動物言語研究によってもたらされた「チンパンジーにはたしかに表象能力があり、教えられれば、ある条件とその条件を指す談話的表象（discursive representation）との対応がわかるようになる」という発見には、チンパンジーが象徴遊びをすることが発見された時点で、予兆があったのだ。ケーラーは、彼が自然に近い状態で飼育していたチンパンジーで、象徴遊びを目撃している（Köhler, 1925）。もっともいきいきとしているのは、キャシー・ヘイズによる、家庭で育てられたチンパンジー、ヴィッキーに関する記述だろう（Cathy Hayes, 1951）。我々も、研究室で飼育しているチンパンジーのうちの一頭、サラ（アフリカ生まれで言語訓練を受けた雌）で、象徴遊びを観察した。彼女は、チンパンジーの顔の「福笑い」をうまく仕上げたと思ったら、その顔を、帽子を被せられるような配置に作り変えたのだ（Premack, 1975）。これと同じ時期に、彼女は自分が帽子を被っている様子を鏡で見ていた。実験によって分かったのは、帽子を被るという経験をした時以外には、サラは「福笑い」の顔の配置を変えたりしなかったということと、彼女がおこなう「配置変え」は、常に一様の行動ではなく、経験の内容によって変化しているようだということだった。サラは、帽子を被った後には、粘土のかたまりを「福笑い」の頭の部分に置いたが、眼鏡をかけた後には目のあたりに、ネックレスをかけた後には首や顔の下のほうに置いたのだ（Premack, 未公刊データ）。

ヒト言語が種特異的・課題特異的かどうかを論じる際に、「言語は知性全般から生まれるのではなく、言語に特異化した因子から生まれる」という立場をとる人々がいる。この立場が正しいとしよう。すると、言語に特異化したその因子は、高い知性を持つ種以外には見られない、というのもやはり正しいことになるだろう。これが正しくないことなどありうるだろうか。カエルやニワトリに言語因子を加えたら、カエルやニワトリが話すだろうか。チンパンジーの象徴遊びが教えてくれるのは、彼らには十分に発達した知性――言語に必要な因子――が備わっており、言語に特異化した因子を加えればそれを生かすことができる、ということだ。とはいえ、そんな因子が加わることはなかったのだ。

この議論にはそんな訳で、いつものふたつではなく、三つの立場が必要になる。問題になるのは、単に言語が全般的因子・特異化した因子のどちらから成り立つのかだけではなく、特異化した因子から成り立つとすればその因子を加えることが効を奏するにはどの程度の知性が必要とされるか、ということだ。象徴遊び（または象徴遊びによって示される、表象にかかわる因子）から言語が成り立つと主張するつもりはない。そのような主張はありがちなのだが、支持する根拠を踏み超えたものになってしまっている。しかし、象徴遊びをしない種に言語の因子を加えるのは、せっかくの因子を無駄にするようなものだとは言っておきたい。言語が種・課題特異的なものかどうかという包括的な問いは、最終章で再び取り扱うことになる。

「賢いハンス」として述べられたこと・揶揄されたことこそが、まさに格好のサカナであった（泳ぐのではなく、ギャロップするサカナではあったけれど）。この主張そのものが「おとりの燻製ニシン」すなわち贋物で論理的・科学的なものでないことは、論争のいきさつを見れば最初からあきらかだった。討論が論理的なものでさえあれば、いくとおりかの異議申し立てもありえたろうに、「賢いハンス」にまつわるゴタゴタが繰り返される中で、論理的な異議が唱えられたことはこれまでなかった。例を挙げれば、「賢いハンス」的な行動制御のどこが不適当なのか指摘した者はいなかったし、どんなふうに不適当なのかに心を留めた者もいなかった。つまりは、行動制御を適切におこなうにはどうすればよいのか提案する者が誰もいなかったのだ。（正当な・科学的な議論にしては）不思議なことに、「賢いハンス」効果を適正に制御するとはどういうことかを明言しようとした批判者はこれまでいなかったし、「賢いハンス」効果を適正に制御するのは不可能だ、と断言した者もまたいなかった。論理的批判をおこなうのなら、これらふたつのうちどちらかの立場をとらざるをえないはずなのに。後者の立場を公然ととるならば、心理学そのものがどうやって生き延びてこられたのかを説明する必要が生じざるを得ない。類人猿だけではなく現生のあらゆる生物が社会的な手がかりの影響を受けるからだ。これらふたつの主だった立場――建設的なもの（適正な行動制御をおこなうにはどうすればいいのか）と、ニヒリスティックなもの（適正な行動制御など不可能だ）――のどちらも、論争の中で注目を集めることがなかったけれど。

では、社会的手がかりは実際どのくらいの頻度で現れるのだろう。答えを提供してくれそうな、シンプルな手続きを示そう。

1　困難度が大幅に異なるテストをふたつ選び出す（理想的には、課題にパスすることが間違いなさそうなものと、失敗が確実そうなもの、くらいがいい）。チンパンジーやヒトの幼児ならば、前者は単純な見本合わせ課題、後者はアラビア数字とローマ数字のマッチングくらいでよさそうだ。

2　同一セッション内で、上記二種類の試行をカウンターバランスする。

3　ここで当然、考えうる最良の「賢いハンス」的な行動制御をおこなう。どちらの試行についても答えを知っている実験者を使おう。そしてテストをおこなう。

得られた結果があなたの予想通りだったとしよう。すなわち、チンパンジーは一方のテストにだけパスし、もう一方にはパスしなかったとする。「賢いハンス」効果はあったのだ、と結論づけたくなるかも知れない。しかし、行動を制御すべき社会的手がかりそのものがなかった、というような、他の可能性もありうる。訓練者が社会的手がかりを与えなかったか、おそらくはチンパンジーの方が手がかりを利用しなかったのだろう。とはいえ、我々は、こういった対立仮説を解きほぐしていく必要はない。我々は、「賢いハンス」的行動制御の有効性を調べようとしているのではなく、実務的な問題、「実験結果は、社会的手がかりの影響を受けているのか？」を問うているのだから。これに答えようとするならば、もうひとつ検証のステップを踏む必要がある。

4　先ほどのテストを全く同じ手続きで繰り返す。ただし、社会的手がかりは一切排除する。言い換えれば、ヒトの子どもをテストするようにチンパンジーをテストする。

それでもやはりチンパンジーは、「簡単な」テストにはパスし、「難しい」ほうには失敗したとしよう。社会的手がかりによる制御があってもなくても、結果は変わらなかったということだ。これはまさに、先ほど提案した実験の素材（単純な課題として物体の見本合わせ課題、難しい課題としてアラビア数字とローマ数字のマッチング）を用いてテストした際に、サラから得られた結果だった。二名の訓練者が個別に実験をおこなっても、同じ結果が得られたのだ（Premack & Wheeler, 未公刊データ、付録の表1も見よ）。

こんな結果がなぜ得られたのかは分からない（訓練者が社会的手がかりを与えなかったのだろうか。与えたのにチンパンジーの方が利用しなかったのだろうか）。分かっているのは、「動物は社会的手がかりを用いているのだ」という断定に対して分別ある対処をするには、実際の影響がどの程度かを研究手続きに即してテストする必要があるということだ。しかし、このようなことは研究の全盛期においてすら一切おこなわれず、反論ばかりが巻き起こった。研究者達は保身のために、社会的手がかりの入り込む余地が一切ない、複雑な統制手続きを採用した（あるいは採用せざるをえなかった）。

さらにいうなら、繰り返し耳にしてもよさそうな下記の疑問を、なぜだか一度も耳にすることがない――どうして（あきらかに解決不可能な問題を与えられた）ウマが、（おそらくは解決可能な問題を与えられた）チンパンジーにふさわしいモデルだといえるのだろう。最悪なことに、この分野に深く関わる、筋の通ったそれも興味深い問題にはほとんど光が当てられず、まるで門外漢からの問いかけのように消し去られてしまうのだ。たとえば、問題解決能力を備えた種というのはまず間違いなく存在している。問題になるのは、単に刺激の条件ではなく、その個体にとってなにが「不完全」（あるいは最適条件ではない）に見えるのか、つまり、「不完全」であることをどのように表象しているのかということだ。例を挙げれば、ケーラー（Köhler, 1925）の研究からも、彼の研究中最も優秀なチンパンジーだったサルタンが、しばしばなにが問題なのかを「見極めて」いたことが推察される。サルタンは、不器用な仲間達が、彼がすでに完遂した行為に失敗するのを脇で観察しながらイライラしていた。彼は、ケーラーによって課せられていた拘束をはずし、駆け込んで箱を積み重ね、バナナをつかみとると、そのバナナを食べないまま残して立ち去ったのだ。また、種によっては、ただそうしたいがために、多大な労力を強いられようとも躍起になって課題を解こう――配置を最適化しよう――とする者もいる。アカゲザルなどは、解決困難な課題を解いた後には、同じ課題をもう一度解くよう与えられても、反応ごとに報酬が与えられるというのに、反応しなくなってしまう（Pasnak, 1979）。これは、腹を空かせたサルの行動（でさえ）も、食物のみによって支えられているわけではないことを示している。サルが、食べる機会を問題解決の機会と引き換えてしまうようなことも場合によってはありうる、といえるのかもしれない。以上のような性質を認識しておくと、チンパンジーが見せる不屈の問題解決行動――わざとはっきりした社会的手がかりを示しても、たいていは問題が解けない（Premack & Premack, 1983）という訳のわからない事実――の理由が分かりやすいし、「賢いハンス」問題に、これまでと違った、適切な位置付けを与えることにもなるだろう。

1　イルカの救いかた

この論争がきっかけとなっておこなわれた研究を検証するにあたっては、手始めに、ごく最近報告された「言語になぞらえた体系を二頭のイルカに教える」というルイス・ハーマンら（Herman et al., 1984）の試みからとりかかるとしよう。イルカたちはまず、ボール・フリスビー・フープといった対象、水を吹きかける・タッチする・取ってくるといった行為、プールの底・水面といった属性、それぞれに対応する「語」を教え込まれ、それから、これらの「語」を組み合わせた命令を実行するように訓練された。「ボール／水を吹きかける」「フープ／タッチする」「ボール／フープ／取ってくる」（ボールをフープのところまで運ぶ）「水面／ボール／水を吹きかける」（プールの底にあるボールではなく、水面にあるボールに水を吹きかける）という具合に。最後に、これまでに学習した「語」からなる新たな組み合わせ（「ボール／タッチする」、「フリスビー／水を吹きかける」「フリスビー／ボール／取ってくる」）や、学習した「語」を系列内の新たな位置に置いた組み合わせ（「底／

フリスビー／ボール／取ってくる」）を用いた、標準的な転移テストを受けることになった。転移テストが成功したことをもってハーマンらは、「イルカには有限状態文法が備わっている」と結論づけた。それからというもの彼らは、「統語論的カテゴリー」や「意味論的命題」、「文法要素」、「統語規則」といったものについて、おおっぴらに語るようになった。しかし、こんなふうに言語学用語を氾濫させることには、なんの根拠もない。イルカたちが見せた行動を説明するのに、言語学用語などまったく必要ないのだ。

　イルカたちの行動は、以下のふたつの規則によって説明できる。（1）「（属性）／対象／行為」および（2）「（属性）／対象／行為$_2$／（属性）／対象」。イルカ達が見せた行動はどれも、これらふたつの規則のうちどちらかの実例といえる。「ボール／水を吹きかける」や「水面／ボール／水を吹きかける」は規則1の実例だし、「ボール／取ってくる」や「水面／ボール／取ってくる／プールの底／フリスビー」は規則2だ。

　これらの規則について（シンプルな見かけによらず）最も注目すべき点は、「言語学、すなわち言語の分析にまったく頼らないカテゴリーで規則が表現されていること」だ。対象・属性・行為といったものは、言語学の理論から導き出されるのではなく、片足を常識的感覚に、もう片足を心理学に置いているみたいなものだ。これらのカテゴリーがなにを指すのかがあきらかになってきたとすればそれは、知覚理論や認知においてのことだ。「語」や「文」について何も知らなくても世の中は渡っていけるし、行為や対象、属性の実例を示すこともできる。これらのカテゴリーに属するかどうかが言語の分析次第で決まることなど、ないのだ。

対照的に、ヒト言語の規則は、対象・属性・行為といったカテゴリーでは枠づけることができない。言語学者の多くが指摘するとおり、行為者・受動者・受信者といった意味論的カテゴリーすら適当とはいえないだろう。ヒト言語を表現するには、名詞句・動詞句といった統語論的カテゴリーが必要になる。では、ここに挙げた三種類の「カテゴリー」について考えてみよう。

最初のカテゴリーセットは、領域がもっとも特異化されておらず、理論への関与も低い。対象・属性・行為という概念は、ヒトが抱く概念が行きつくべき中立的な叙述に近いと言っていいだろう。たとえば行為は、物理的な領域において対象の状態や位置に対して個体がおよぼす変化にかかわるものであり、ほとんど理論によることなく、行動上の基準をもとに特定することができる。対象(Spelke, 1984 参照）や属性についても同じことが言える。

これとは対照的に、意味論のカテゴリーセットになれば、領域もかなり特異化しているし、理論にも関わってくることになる。事象（イベント）であれば、行動を基盤とした行為として特定しうるが、行為者・受信者・受動者という意味論的な概念は、同じようには取り扱えない。ある個体を行為者として扱うには、その個体が行為をおこなったかだけでなく、その行為が意図的なものだったのかをあきらかにしなくてはならない。他の意味論的要素に関しても、同じことが必要になる(Spelke, 1984)。

統語論のカテゴリーセットは、領域の特異性だけでなく、理論的位置付けについても、最初のセットの中立性からさらにかけ離れてくる。わたしたちには、行為や行為者を指し示すことはできても、ごく間接的なかたちを除いて、名詞句や動詞句といったものを指し示すことはできない（当のカテゴリーに由来するような発話内のユニットを、理論の教えるところに従って指し示すことはできるだろうが）。統語規則の諸カテゴリーは、見えるようなかたちで定義されるというよりは、統語論においてそれぞれが果たす役割によって明示的に定義されるのだ。

これらのカテゴリーが様々な種の生物にどのように割り振られているのかについては、さまざまな議論がある。現在得られている証拠からいえるのは、次のようなことだ。「中立的な」セットならば、全ての哺乳類、あるいはもしかしたら全ての脊椎動物で見いだせそうだ。意味論的なセットは、少なくともある程度なら、全ての霊長類で（高度に整ったかたちで見いだせるのはヒトでのみだろうが）。統語論的なセットは、ヒトでしか見いだせないだろう。大まかにいうならば、第一のセットは世界に適用され、第二のセットは世界の解釈に、第三のセットは解釈者の心に適用されるといえるのかもしれない。

ハーマンらは、イルカに言語を生成させるには至っておらず、むしろこの弱点に開き直って、言語理解能力の尋常でない優位性を主張しているといえるだろう。「理解能力の価値がどんなに高かろうと、生成能力の研究を加えることの価値が、そのことによって低くなったりはしない」ということをきちんと認めていれば、彼らの主張はある程度受け入れられるものなのだが。この後の議論であきらかになるように、言語能力には、理解からだけでは（特に、運動指令の理解からだけでは）達することのできない重要な側面がいくつも存在するのだ。

自己について記述することと他者について記述すること

チンパンジーが自分自身について叙述したり、他の個体について叙述したりしてくれれば、ずっと興味深い言語のすがたがそこに現れるだろう。それぞれの叙述を検討し比較できるのだから。我々のところにいる言語訓練ずみのチンパンジー三個体の誰かが自発的に自身について述べることはなかったものの、中程度に賢いエリザベスという個体が、おどろくほどそれに近いことをやってみせたことがある。エリザベスへの「訓練」は、狙った行動をひきだしそうなアイテムを提示しながらも、途中で必要になりそうなアイテムは外しておく、というようなものだった。具体的には、エリザベスに、自由に遊べるもの――水の入った容器や「切る」道具、中身を確かめたくなるフタつきの缶――をいくつも与えた。もちろん、これに加えてエリザベスが「書く」ためのもの――マグネット・ボードとそこに張り付いた磁石つきプラスチック語――も与えた。我々は、十分な語を彼女に提供したが、日ごろ彼女がおこなう要求に必要な語は、わざと抜いておいた。具体的には「あげる」と「訓練者の名前」を抜いたのだ。いつもは、この種の状況では、エリザベスは少しの間遊んで、それからプラスチック語を用いて要求をはじめる。訓練者の手許の果物を求めるのだ。

彼女は確かに少しの間遊んだが、すぐにそわそわしはじめた。おそらく、要求をしようにもできないからだろう。「訓練」が始まると、ひじょうに興奮しやすい彼女は、かんしゃくをおこさんばかりだった。

訓練者がライティング・ボードを指差した。するとエリザベスは「エリザベス／リンゴ」と綴った。直後に彼女は「切る」という語を手にしたが、それをどうすればいいのか分からないようだった。訓練者が再度ライティング・ボードを指差すと、彼女はすぐに「切る」をそれまでに貼り付けていた語に加え、「エリザベス／リンゴ／切る」という文をつくった。訓練者は、脇にあった皿からリンゴの小片を取ってエリザベスに与えた。訓練の間ずっと、叙述内容が正確かどうかにかかわらず、彼女が完全な文をつくれば必ず同じようにしたのだ（Premack, 1976, p. 90）。これが訓練の全容だ。

その後たちまち、エリザベスは五四回の単純な遊びをおこない、そのうちの一五回について「叙述」した。遊びは、プラスチック製のリンゴを「洗う」二〇回、「缶に入れる」一八回、「切る」一六回であったが、そのうち「洗う」二回、「缶に入れる」三回、「切る」六回について、彼女は行為の直後にその遊びを「叙述」した。「エリザベス／リンゴ／洗う」「エリザベス／リンゴ／入れる」「エリザベス／リンゴ／切る」と綴ったのだ。それぞれの叙述は一〇〇％正確だった。これに加えて、プラスチック語で綴ったが、先行して実際の遊び行為がおこなわれなかったことが訓練中四回あった。この場合は逆に、綴ったあとに遊び行為をおこなったのだ。この場合プラスチック語の綴りは、叙述したというよりは、あらかじめ宣言したといえるかもしれない。彼女は「宣言」を綴る際に、「叙述」の際には見られなかったようなことをおこなった。行為の語を組み合わせて、たとえば「エリザベス／リンゴ／洗う／入れる」と綴ったのだ。この時は、彼女はリンゴを缶に入れたが洗いはしなかった。しかし、正しく振舞う場合もあった。「エリザベス／リンゴ／切る／洗う」と綴ってからリンゴを切り、洗ったのだ。計一五回のうち、彼女の一一回の「叙述」はまったく正確だったし、四回の「宣言」は、ほぼ正確だった。

エリザベスが自身について叙述をおこなう際に見せた正答率は、他者について叙述する際には見られなかった。賢さが控えめなピオニーについてもエリザベスと同様で、他者についての叙述は「極めて正確」とはいいがたかった。我々はこの二個体のチンパンジーに、「他の個体がおこなっている」という点だけがそれまで（「自分たちがおこなっている」）とは異なる行為を叙述させてみたのだ。訓練者は、チンパンジーがしていたのと同じように同じオモチャで遊んでいるふりをする。しかしもちろん、それらの遊びはあらかじめ定められたものであり、三種類の異なる遊びそれぞれの順序や頻度は、カウンターバランスされていた（心理学者でなければ冗談だと思うかもしれないが、心理学者には分かってもらえるだろう）。最初のテストで、ピオニーは、一五試行中九試行で「エイミー（デビー）／切る（入れる・洗う）／リンゴ」などと綴り、訓練者の行為を正確に叙述した。エリザベスの正解は一七試行中一一試行だった。五つの語から偶然に三つを正しく選択しかつ順序どおりに並べられる確率は六〇分の一なので、どちらの反応もチャンス・レベルを超えてはいた。

エリザベスが訓練者について叙述する際の正答率と、自身について叙述する際の正答率との相違は、それぞれが強制選択であったのか、自然な言語使用であったのかによるものかもしれない。エリザベスは、訓練者の行動を叙述する際にはすべての行為を叙述させられたのに対し、自身について叙述する際には、話してもよいし黙っていてもよく、叙述したい行為を選択することができた。

彼女は、五四回のうち四三回でそうしたように、黙っていることで、なんらかの不確定要素によって正確さが損なわれそうな場面を回避したのかもしれないのだ。

しかし、これとはまったく別に、言語行動を論じる際にしばしば見逃される要因が相違をもたらした側面もあったに違いない。自由遊びのテストでは、エリザベスには、洗う・入れる・切るというように、好みの行動に順位があったようだ。この好みの順位によって、訓練者の行動を叙述する際のエリザベスの正答率を予測できたかもしれないのだ。たとえばエリザベスは、訓練者の「洗う」行為（これは彼女のお気に入りの行為だった）六回のすべてを正確に叙述した。一方で、「切る」（好みの順位がもっとも低かった）では、訓練者の行為五回のうち正確に叙述したのは一回にとどまった（$p < .01$）。

サラ——同義性、関係クラス、概念規則

サラは、アフリカ生まれで乳児期に捕獲された才能あるメスの個体だが、ここで彼女に目を向けることで、これまでとはまた違ったクラスの知見を検討しよう。このチンパンジーが質問に答えられて、二次の関係（関係どうしの関係）にも通じているおかげで得られる知見についてだ。「このレベルの知見になると、それほど才能に恵まれないピオニーのような個体では得られない」という訳ではない。おそらく可能ではあるが、それぞれの課題をできる限り細かく分解して時間や労力を厭わずに教え込めば、の話になる。サラくらいの能力をもったチンパンジーならば、才能に恵まれな

いチンパンジーで脆弱な証拠を得る時のように課題を細かく分解したり極端な労力を払ったりしなくても、この種の知見を得られるだろう。申し訳ないが、賢い個体とそうでない個体との相違の話は、たいていがつまらない。非常に賢い子どもは「自発的に」数を数えるのに対して、その次くらいに賢い子どもは、教えれば数えられるようになる。さらにその次の子どもは、数えられるようになるまでに困難が伴う……。とはいえ、このような相違から我々が学ぶべきことはそれほどないし、こういう話は、知性に関する適切な理論が確立されたあとでしたほうがいい。

叙述という行為に関心を向けるとすれば、なによりも、それがどこまで真理主張に近づきうるかという点に尽きる。ある状態――個体自身の行動や他者の行動、世界の固定的な状態――を叙述するとき、個体は、状態とその状態に関する論証的表示とを一致させる、あるいは等価性をもったものにする。適切に並べられたプラスチック語は、チンパンジーにとっての言説的表象なのだ。「エリザベス／リンゴ／洗う」というプラスチック語の綴りは、エリザベスがまさにおこなった行為に対応している。「エイミー／バナナ／切る」はエイミーの行為に、「赤／の上／緑」は、赤いカードと緑のカードの間に生起する静的状態に対応している。

さまざまな状態とプラスチック語の系列とのあいだに我々が見出す等価性もしくは対応が、ヒトの場合ばかりかヒト以外の動物の場合においても、真理主張を可能にしてくれる。しかし、この対応が、実際にどのような性質のものかというのが難しい問題になる。哲学分野での真理に関する議論からあきらかなのは、（私が主張しているような）真理に関するシンプルな対応理論では、特に数学的命題に関する真理主張について面倒が生じることになるということだ。しかし、対応理論が直面するそういった問題は、ヒトの言語使用の複雑さから生じたものであって、類人猿における複雑さに起因するものではない。対応理論は、想定しうる言語使用が類人猿のそれの複雑さを越えない範囲の種については、申し分のない理論といっていいだろう。

ここで述べている真理主張や叙述という行為の重要性は、哲学的なものではなく、心理学的なものだ。この種の行為には、二次の関係を処理したり関係間の関係についての判断を下したりする能力が前提となる。叙述された状態がまずひとつの関係で、言説的表象がもうひとつの関係ならば、両者を相互にマッチングさせることは、これらふたつの関係間の関係についての異同判断を下すことといえる。ピオニーとエリザベスでさえ言説的表象と状態との対応付けが可能であることについてはすでに証拠があるため、我々は、次のステップへと進むことにした。シンプルな同義性（シノニミー）の事例、つまり、言説的表象同士のマッチングだ。サラで試してみた。

サラは、三通りの等価な文を扱えるように訓練された。難しさにはそれぞれに差があった。まずサラは、ふたつの文を提示され、それらについて異同の判断を求められた。次に、テスト文をひとつだけと、選択肢として複数の文を提示され、テスト文と構造は異なるが意味が同じ文を選択するよう求められた。最後には、文をひとつと語のセットとが提示され、テスト文と構造は異なるが意味は等価な文をゼロからつくり出すよう求められた（Premack & Premack, 1976, p. 287）。

このように三通りの方法――異同判断・同義群の選択・同義文の作成――で訓練されたのち、サラは二通りの転移テストを受けた。

まず最初に――彼女はゼロから――下記と等価な文を作るよう求められた。“Apple is red” “Red

color of Apple" "Brown color of chocolate" "Chocolate is brown" "Caramel is square" "Caramel is brown" "Square shape of caramel" そして "Brown color of caramel"。各試行において彼女は、「赤色」「茶色」「リンゴ」「チョコレート」「キャラメル」「〜の色」「である（is）」「四角」のうち六語を、正解文を作成するのに必要な三語が常に含まれる以外はランダムに与えられた。一七試行中二試行の誤答はあったが、最初の五試行では誤答はなく、八八％の正答をおさめた。

このシリーズの最後の転移テストでは、これまでの訓練ステップでは一切使用されなかった文が導入された。"Banana is yellow" "Grape is green" "Apple is big" そして "Cherry is red" というものだ。ランダムな順序で二通りの質問がおこなわれた。ひとつは、異同判断を求めるものであり（ステージ1）、もうひとつは、ゼロから文をつくって答えることを求めるものだった（ステージ3）。前者の例としては "Cherry is red ? apple is red"（Cherry is red と apple is red との関係は？）に、「同じ」「異なる」の選択肢が提示された。後者の例としては、"Grape is green ?"（"Grape is green" と等価なのは？）に、たとえば "green" "shape of " "color of" "grape" "brown" そして "nut" が、選択肢として提示された。サラの誤答は一六試行中三試行、異同判断で二試行と、文生成で一試行だった（Premack, 1976, p. 287）。

もちろんそれぞれの文は物理的な存在だが、ふたつの文について正しい判断を下すのに、サラが、このふたつの文の物理的固有性にもとづいて解答したはずはない。「Apple is red リンゴは赤い」と「Red color of apple リンゴの赤い色」とは物理的に異なるが、彼女は両者を「同じ」と答えた。さらにいえばこの両者は、サラが「異なる」と答えた「Apple is red リンゴは赤い」「Apple is round

リンゴは丸い」のペアほどには（物理的に）似ていない。サラの判断は、共通する語の数にもとづいている訳でもなかった。もう一度、「Apple is red リンゴは赤い／Red color of apple リンゴの赤い色」と「Apple is round　リンゴは丸い／Apple is red リンゴは赤い」とを考えてみよう。どちらのペアも共通する語は二語あるが、一方は「同じ」、もう一方は「異なる」と判断された。共通する語順にもとづいているのでもなさそうだ。一語しか違わず語順がまったく同じ「Apple is red」と「Cherry is red」とが「異なる」と答えた一方で、「Apple is red」と「Red color of apple」では、語順がかなり違うにもかかわらず「同じ」と答えたのだから。

　文のペアについてこのような異同判断をおこなう際、サラは、知覚レベルだけでなく、もっと概念的あるいは抽象的なレベルで文を表象していたに違いない。動作の指示[7]では、話が違ってくる。仮に「spit ball ボールに水を吹きかける」「touch stick 棒にタッチする」といった指令が単なる知覚的イベントとして表象されていたとしても、このことでイルカの応答能力の差し支えになることはないだろう。イルカが教わった指示についてはそう言ってよさそうだが、これまでに経験していない新奇な指示ではどうだろうか。転移のデータ、すなわち、新奇な指示に反応する能力には、もっと概念的なレベルで指示を表象することが必要にはならないだろうか。

　我々が転移について考える際には、対象とする動物があるルール――（たとえば行為　属性　対象といった）カテゴリー間の連合――を学習していることが前提となるし、それらのカテゴリーは、転移データを包含するのに十分な抽象性を備えていると見なされている。しかし、これらのカテゴリーは、言語訓練によって植えつけられたものではなくその動物種にもともと備わった素質の一部であり、それぞれの抽象性は問題ではない。問題となるのは、それぞれのカテゴリーに見られる抽象性が、訓練によって教え込まれたアイテムおよび個々の「語」やそれらの組み合わせ以上のものを備えているのかということだ。「Spit ball ボールに水を吹きかける」という指示を「行為　対象」という規則の一例として認識するのに、その指示が抽象的な形で表象されている必要はないことを思い出してほしい。単なる感覚的な事象（イベント）として表象され、同時に、規則の一例として認識されることだってありうるのだ。これに対して、サラの同義語（シノニミー）データは、文それ自体に関わっており、チンパンジーの表象の抽象性を示すかなり直接的な証拠となっている。

抽象的表象を示す証拠は、まったく別の、思ってても見なかった発見からも裏付けられた。複数化表現だ。単数／複数の対比などは、いつもは、ありきたりの興味しか惹かないものだが、サラに教えるときに我々がたまたまとった方法が、興味深い問いをもたらすことになった。

サラは、複数（*pl*）を示す不変化詞を“is”に添えることで複数化することを教えられた。つまり、“is + *pl*”が“are”になるのだ。訓練の過程で用いられた対比は、“apple is fruit”対“orange banana is *pl* fruit”、“red is color”対“red green is *pl* color”、“pea is small”対“marble cherry is *pl* small”といったものだった。おそらくは差異がはっきりしていたためだろう、彼女は速やかに学習した。付け加えれば、この不変化詞*pl*はSlobin（1983）が局所的手掛かりと呼んだものにあたり、言語獲得中の子どもも難なく弁別する。得られた結果が解釈しにくいものであることに私が気付いたのは、サラ

（7）　イルカに対してのもの。

が通常の転移テストをパスし、新規のケースについても正しく複数化をおこなった後のことだった。彼女は、私たちが意図していたような基準を使っていたのかもしれないし、もっと些細な基準を使っていたのかも知れない。

たとえば、"chocolate caramel is *pl* candy"という文の複数化をおこなった際、サラは、トピックの複数的な性質に注目してそうしたのかもしれないが、ふたつの語が疑問符の左側（実際には、文は垂直方向に延びていたので上側）にあるという物理的な事実に注目しただけとも考えられる。どちらだろう。はっきりさせるには、"big apple ? sweet"や"red apple ? fruit"といった、複数の語が疑問詞の横にあるがトピックは単数のままの文を彼女に提示しさえすればよかった。このようなテスト（実際に提示した対比はここで示したよりも複雑なものだったが（Premack, 1976, p. 227 参照））をおこなってみると、サラの反応は、概念的規則の使用を支持するものだった。三七試行中、エラーは六回（最初の五試行中一回）のみ、約八二%の正答率だった（$p < .01$）。この結果は、彼女が概念的規則を学習できるという、我々がすでに知っていたことを確認したにとどまらず、我々がそれまで問うてこなかったある疑問に答えてくれた。物理的差異にもとづいた規則と概念的な差異にもとづいた規則とが等しく両立しうるような訓練を受けた際に、サラはどちらの規則を学習するのだろう。

ハーマンたちは**語**を「固有で独立した意味論的存在」（Herman et al., 1984, p. 135）と定義しているが、読者には、この抽象的な**語**の定義が、イルカの実験においては実際のところどのように読み替えられているのかを心に留めておいてほしい。あるシグナルが、イルカを、たとえば（フリスビーやフープ等ではなく）ボールへと、その位置や素材がどこであろうと、向かわせる。このように、

「固有で独立した意味論的存在」のイルカでの実例は、ヒトのそれとは大きく異なるのだ。ヒトの語というのは、なによりも、心の中の情報を表象するシステムの一部だ。語は、表象された情報の実質的な一部になっているか、あるいは、生まれながらの推論システム（「心的語（mentalese）」）を賦活するシステムの一部をなしている。こういった特性はそう簡単に研究対象にできるものではないし、動作指示の理解がその研究に対して大した貢献をできるとは思えない。

ハーマンたちが抽象的な定義づけと実験上の読み替えとをどちらもおこなった**文**についても、もちろん、同じように検討可能だ。ヒトの文理解モデルにおいて基礎的なステップとなるのは、それぞれの語について文法クラスを特定することだ（たとえばWanner & Maratsos, 1978）。イルカに文法クラスが備わっている証拠は、もちろんどこにもない。ハーマンたちは、自分たちの成果を、それまでの類人猿の言語研究から方法論として大幅に進展したものだと高く推している。まあ、そうなのだろう。しかし、理論としての進展はまったく別の問題だ。類人猿についてこれまでに繰り返されてきた怪しげな主張では「進展」は覚束ない。わたしたちは、種が変わるたびに同じような主張を聞かされ、四 - 五年間かかった「言語訓練」を無駄にする運命にあるのだろうか。

動作指示の理解を教え込むのは手続きとしての限界含みであり、どんなに明確に遂行したとしても、たとえば超越性や再帰性といったトピックを十分に吟味することはできない。ハーマンたちは、動作指示をおこなった直後に複数の対象をプールに投げ込むという手続きについて述べている。指示から対象の着水までに数秒の間《ま》があるからという理由で、ここで起こることが「超越性」と呼ばれているのだ。間《ま》が何時間になろうとも、これで超越性ということにはなりえない。超越性は、発言に関しての個体の記憶とは無関係だ。重要なのは、世界に関するその個体の知識であり、その知識にアクセスするために言語を利用する能力なのだ。たとえば、言語能力がある個体にトラについての知識があれば、トラが視界にいなくても、トラについてのさまざまな質問に答えてくれる。同様に、言語能力のあるイルカが、プールの中の対象が通常どんなふうに扱われているか、どのトレーナーがいつもどんな服を着ているかを知っているならば、実際に視界になくても、それらについてのさまざまな質問に答えられるはずだ。プールに色々投げ込むなんてことはやめにして、対象とする動物の言語能力を伸ばすことに専念するようお勧めしたいものだ。イルカを一定の理解の水準、たとえば「もしもフープが昨日と同じ位置に置かれていたら、空中にジャンプする」（あるいは、「これを、昨日赤いセーターを着ていた女性に渡す」）まで持っていけたら、動作指示という限界の範囲内とはいえ、超越性についての研究が可能になるだろうに。

ハーマンたちによる再帰性の扱い方もまた、不適切なものといわざるをえない。彼らはひとつでなくふたつの指示を与え、イルカがそれらを両方とも遂行することをもって、これを「再帰性」と名付けている。これにふさわしい用語は、反復だ。再帰性には、ある操作を単純に繰り返す以上のことが含まれる。（対処すべき）「問題」が複数のパーツに分割されなくてはならず、同一の手続きが各パーツ、およびそれらパーツへの操作から生み出されたものに適用される。このことが階層的な秩序を生みだすのだ。言いかえれば、階層的でないユニットの連続からは、階層性は生まれない。「超越性」や「再帰性」をこのように誤用することで（その前の、「語」「文」「統語論」そして「意味論」の使い方と同様に）、もったいぶった術語を不適当な指示対象に当てはめてしまい、現時点でヒトでしか示されていないさまざまな能力をイルカに認めてしまっているのだ。

ごく大まかに述べるなら、ハーマンたちが示したことはふたつある。時間的順序の弁別と、知覚クラスにもとづく規則の学習だ。彼らの議論は三つめ――それぞれの構成要素の広範な多様性を乗り越えた上での、対象クラス（たとえば、フープとボール）の弁別――にこだわっているのだが。彼らがどうしてこの立場をとりたいのか、どうも分からない。彼らが用いている対象クラスの弁別には難しいところなどひとつもなく、区別のつかない哺乳類などまずいないのだ。哺乳類の能力を引き合いに出す必要さえあるだろうか。ハトはどうだろう？　概念としてもっと注目に値する、ヒト、木、水、といったものに関するハトでの成功例を思い出してほしい（Herrnstein et al., 1976）。その上ハーマンたちは、イルカがうまくやれたのは言語訓練のおかげであるようにほのめかしているものの、ハトがうまくいったのが言語訓練のおかげでないことは、火を見るよりあきらかだ。さらにハーマンたちは、主張にあたって不可欠な証拠をひとつも提示していない。イルカにおける対象クラス間の弁別能力を言語訓練の前後で比較するといったことをおこなっていないのだ。

言語を教え込むことで、対象とした動物がアイテム間の弁別や分類をおこなう能力について、興味深い結果がもたらされるはずがないとまでは言わない。訓練によって、動物たちが、訓練なしではできなかったようなやり方で複数のアイテムをまとめたり、それ以前には形成されていなかった上位のクラスを形成したり、言語教示の基準の変化によって複数のアイテムを結合・再結合させたりできるようになる、かもしれない。しかし現時点ではこういったことは、イルカでも言語訓練を受けた類人猿でも、一切示されてはいない。サラは、「果物」「キャンディ」「パン」（クッキー、ケーキ、クラッカーなどの小麦でできた食べ物）を教えられ、これらの「語」をうまく転移させた。しかし我々には、どう見ても、これらのカテゴリーはもともと彼女に備わっていたと考えざるを得ない（Premack, 1976, p. 228）。対象となった動物がそれまで持っていなかった概念が言語によって導入できたという証拠はなく、既存の概念間の弁別を明確にするのに言語が貢献したという証拠すらない。そういった主張はあっても、もっとも初歩的なコントロールが欠けているのだ。言語訓練の前後での比較が。

会話と「単なる文のつくりっこ」との混同

リチャード・サンダース（Sanders, 1980）は、彼の博士論文の一部として、ルイス・ブルームの談話分析を、ASL の訓練を受けたチンパンジー、ニムに適用した。見ようによっては、これは適切な戦略だった。というのも、ブルームと彼女の共同研究者たち（Bloom et al., 1976）は、子どもの会話発達の基底にある複雑で多層的な変化を詳細に分析し始めていたからだ。言語訓練を受けたチンパンジーにも同じような変化が観察されたかどうか、尋ねたくもなるだろう。おとなの発話に対する子どもたちの反応を検討するにあたって、ブルームたちはまず、その子がそもそも発話を返したか、返したとすればどのような反応形態をとったのか、を記録した。彼らのおこなった分析は繊細で、さまざまな差異を考慮に入れたものなのだが、その大部分は我々の目的とは直接関係しないため、ここでは、主要な点についてだけ検討することにしたい。

子どもがしたのは、おとなの発話の一部もしくは全体を模倣するか、まったく模倣しないけれど内容は保持するか、模倣もせず内容も保持しないか、のどれかだった。内容を保持していた場合には、子どもはその内容につけ足しをおこなうこともあったが、おとなの発話構造を残す場合も、改変する場合もあった。これらの差異はどれも、興味深い発達的変化を示すものだ。子どもは成長するにつれ、おとなの発話に反応するようになり、内容を保持するようになるだけでなく、意味論的にも構造的にも、その内容を拡張するようになる。

こんな大まかな要約では、子どもの反応の正当な評価に手を付けたことにもならないが、サンダースがニムで観察した変化を描き出すのに必要なものとしては、これでも十分すぎる。訓練が二年目に差し掛かっても、三年目に差し掛かっても、ニムがトレーナーに反応するようになることはなかったからだ。ニムの示したサインはトレーナーの発話内容を保持したものでもなければ、トレーナーのサインをなんらかの意味で拡張するものでもなかった。ニムの示した変化は実際のところ、たったひとつだった。彼はどんどん模倣的になっていたのだ。

この救いようがないまでにネガティブなデータをもとに、テラスら（Terrace et al, 1979）は奇妙な結論を導き出した。このチンパンジーには「文というものを創り出すことができない」、つまり、新たな文を生成できないというのだ。そういわれても、我々はすでに、際立って才能のある個体だけでなくごく一般的なチンパンジーにも「さまざまな文を創り出す」ことができることを確認している（ごく一般的な個体の場合は自身や他個体の行動を記述したし、才能のある個体は、他の文と構造的には異なるが意味論的には等価な文を創りだした）。ニムに（もっと簡単な課題、もっと難しい課題、あるいは別のバージョンの文章生成課題で）同じことが可能なのか知りたくなるのも当然だ。しかし、サンダースのデータからその答えを得るのは不可能だ。というのも、ブルームの談話分析は、ふさわしいテストとはとても言えないからだ。会話というスキルは、新たな文章を生成するスキルのはるか先にある。会話という複雑なものを決して習得できない動物たちでも、文を創りだす可能性はある。

文を創り出すのは、言語の使用として特に難しい類のことではない。チンパンジーの文創造能力を調べるには、チンパンジーが新たな文を理解できるかどうかを見定めるプロセスをさかさまにするだけでいい。しかし、語の新規な組み合わせではなく、非言語的なアイテムの新規な組み合わせを提示しなくてはならない。組み合わせは静的なものでもいいし（容器の中に、対象が積み重ねて入れてある）、動的なものでもいい（トレーナーかチンパンジーが、なにか新しいことをしている）。チンパンジーに、これらの状態に対応する、あるいは状態を「叙述する」文字列を生成することは可能だろうか。すでにお分かりのとおり、可能だ。新たな文を生成することは、言語の「弱い使い方」なのだ（とくに「文」が、ここでの意味合い、つまり「順序よく並んだ「語」の連なりが、知覚カテゴリーによって構成された規則をあらわしたもの」以上の意味を持たない場合には）。

一方、会話は、言語の「最も強い使い方」のひとつだ。会話においては、まず話者の音声言語や手話を理解し、自身の音声言語や手話でそれに応えなくてはならない。そのうえ、会話が成立するには、最低でも、理解と生成の能力がそれぞれ独立して備わっているだけでなく、両者を一定のやり方で組み合わせる能力が必要となる。談話において必要となるものをもう少しきちんと描き出すために、ブルームらの分析に立ち返ってみよう。談話に加わるには、会話のギブ・アンド・テイクを理解できなくてはならない。会話のトピックを特定できること。そのトピックを、意味論的・構造的に拡大することができること。そしてなによりも、これらの能力を持っているだけでなく、自発的に用いようとする動機を備えていることだ（というのも、チンパンジーの訓練状況では、談話そのものや、会話への参加に対して報酬をあたえているわけではないからだ）。

チンパンジーには「文を創り出す」ことができないというのは、サンダースのデータから導かれる適切な結論とはいえない。妥当な結論はひょっとしたら「チンパンジーは会話に参加できない」かも知れない。この結論にさえ、少なくともふたつの点で留保が必要だ。ひとつめは軽い注意喚起といったところ。どうも、ニムの反応は、代表値といえるものではない。彼の模倣傾向はおそらく、受けてきた訓練方法によってもたらされたものだろう。少なくとも、手話を使用する別のチンパンジーには、それほど多くの模倣も、訓練課程における模倣の増加も見られなかった（Miles, 1983）。そうすると、ニムが、ヒトの子どもで見られるような、もっとはっきりした変化を示せなかったのは、模倣のせいで変化がブロックされたせいだったのだろうか。そうじゃない。この可能性は、また別のチンパンジーを考慮に入れることで排除できる。このチンパンジーに対する訓練は、模倣をさせやすくするようなものでなかったにもかかわらず、ヒトの子どもで見られるような系統的な変化が見られなかったのだ。

気を付けておくべきことのふたつめは、複数の結論が、単にネガティブなデータばかりでなく、個体が自発的におこなうことに基づくデータからも導き出されていて、それぞれの位置づけがはっきりしないこと。ニムのデータから「チンパンジーは会話ができない」「ギブ・アンド・テイク型の規則を学習できない」「会話の話題を特定できない」等々と結論づけてしまっては、「自発的にやっていること」と「最適化された条件下で個体が教えられて獲得しうること」との相違から順当に導き出されるべきあらゆる結論を反故にすることになってしまうだろう。すでに知られているように、ヒトの子どもは、言語に向けて強力にプログラムされているため、通常の環境からの病理学的な逸脱がない限り、その発達が妨げられることがない。類人猿ではそんなことはない。言語だけでなく、認知における他の多くの側面についても同様だ。類推をおこなえるような様子が野生の類人猿になくても、サラは見事にやってのけたり、というふうに（Gillian et al., 1981）。

通常の訓練状況では、対象となる動物が会話のトピックを特定し損ねて（特定できなかったのか、できるのだけど特定しないことにしたのかはともあれ）、自分勝手なトピックで「返答」したとしても、訓練が滞ることはない。それどころか、気の利いたおとな（訓練者）の側が、動物側の「トピック」にすばやく合わせる。有能とはいえないパートナーに新たなトピックが降って湧くたびにそうすることだろう。こんなふうにして、十分に賢いおとなであれば、実際にはまったく存在しないのに会話がおこなわれているかのような印象をもたらすことができる（ときには、傍で見ている観察者だけでなく当のおとな自身すらそう信じ込んでしまう）。ここで重要なのは、トピックを保持し損ねたところで訓練が終わったりなんらかのコストがかかったりということがないため、動物にしてみれば、会話をすることで報酬を与えられてもいなければ、会話をしないからといって罰せられてもいない、という点だ。もしも仮に、会話ができる類人猿がいたとすれば、（すでに検討してきた）会話に必須となる個々の能力ひとつひとつを遂行しようとする、生まれつきの動機にもとづいて会話をしようとするはずだ。これこそが、ヒトの子どもでは広く認められているが、類人猿ではまず見出されることのないような動機、あるいは、動機と認知の結合なのだ。

類人猿における談話の可能性を本気で検討するには、自発的な行動をあてにせず、よくある堅苦しいアプローチをとらなくてはならない。つまり、(ブルームらがおこなったように)談話を分析し、許容可能なうちでもっともシンプルな事例を特定、個々の事例をコンポーネント(構成要素)あるいは原子的要素へと分解したのちに、それらのピースを教え込み、狙った構造に持ち込めるような訓練法を見つけ出すのだ。ラッキーな偶然のおかげで、談話の構成要素のひとつ、「トピックの特定」について、我々はすでにある程度までのことをおこなっている。

サラの訓練の最初期の段階では、我々はたいてい、彼女に選択肢をふたつだけしか与えなかった。しかし、二〇から二五の「語」、という語彙を獲得した後は、いつもふたつ以上の選択肢を与えるようにしていた。

訓練のこの段階あたり以降は、我々はつねに、生成テストごとに彼女に提示する選択肢のセットに、五つから一〇の無関係な語を加えるようにした。……こうやって課題を難しくしようとしたわけだが、うまくいったかどうかは疑わしい。記録によれば、サラが不規則な語を使うことは決してなく……ほとんどの文はそれぞれの訓練に密接に結び付いており……、意味のはっきりしたセットを作り上げていた。この訓練の有界性は、サラが**訓練のトピックを見出す**上での助けに他ならなかった（Premack, 1976, p. 126）。

ということはあきらかに、サラは、もちろん、発見のための条件が十分に単純なものであった上でのことだが、「トピックを見つけ出して」いる。取り扱った条件が単純すぎるせいで、チンパンジーの「発見」が取るに足りないものになっているだろうか？　たしかにそうかもしれないが、だとすれば問わなくてはならないのは、チンパンジーを見失うことなくこの単純すぎる条件を増幅する方法はないだろうか、ということだ。こういった偶然の発見の中に、チンパンジーを、取るに足らない振る舞いからもっと興味深い振る舞いのひとつへと導く魅力的な可能性が見いだせるのだ。

言語訓練を受けたチンパンジーのさまざまな限界がはっきりしているのに、いったいなぜ、ブルームらの談話分析をわざわざ適用しようとする輩がいるのだろう。類人猿に会話ができるなんて、どこの誰が考えたのだろう。こういった書き手たちに公正を期するには、類人猿に関する途方もない主張がそこらじゅうに見られた時期がかつてあったことを思い出しておかなくてはならない（今でも完全には消え去ってはいない）。こういった主張について最も重い責任を負わなくてはならないのは、ガードナー夫妻だ。かれらの研究は、手話を使うチンパンジーの言語と手話を使うヒトの子どもの言語とが、詳しく分析しない限り区別がつかないほど似ているかのような印象を残した。それどころか、ある研究では、チンパンジーの方が子どもより優れていたというのだ！（Gardner & Gardner, 1974）

この研究においてガードナー夫妻は、チンパンジー・ワシューの wh- 疑問文に対する応答を検討し、文法クラスの存在を示す証拠を発見したと主張した。残念ながらこの研究には、方法論的にも本質的にも、欠陥がある。方法論的な欠陥とは、ザイデンバーグとペティティオ（Seidenberg & Petitto, 1979）の指摘どおり、ガードナー夫妻がおこなった「質問に対するチンパンジーの反応記録」は、実際の反応と同じとはとても言えない、ということだ。たとえば、"You me you out me" という実際にチンパンジーが生成した系列が "You me" と記録されている。チンパンジーの手話パターンに見られる、反復や侵入、不規則な語順といった特徴が、「編集」されているのだ。これは本当に、多くの人が考えるように、壊滅的なエラーだろうか。ガードナー夫妻が考えていたのは、おそらくこんなふうなことだ。もしも**わたしたち**に、チンパンジーの要領を得ないメッセージから「伝えようとしていること」を取り出せるのであれば、チンパンジー自身にも同じことができるはずだ。もちろん、このような仮定は明示され、さらには、検証されなくてはならない。この検証が手話についてどうおこないうるのかは、あまりはっきりしているとはいえない。プラスチック語を用いれば、もっと容易にできるのだが。不格好なプラスチック片の集まり自体も、衝動的なことで有名なチンパンジーの、尋常でないスピードを緩めるのに役立ちそうだ。

チンパンジーの手持ちの語から、反復を可能にするものや、侵入の原因になりうるものを取り除いたとしよう。さらに、こういう手助けをしてみると、チンパンジーが、以前よりはっきりしたシグナルを生成したとしよう。もしそうだったら、チンパンジーの手話の「ノイズ」は、能力の問題ではなく遂行上の問題を反映したもので、ヒトだけでなくチンパンジー自身も要領を得ない反応の中にあるメッセージを理解していたことを示したことになるだろう。

よく考えると、手話を用いて同じ論点に的を絞れそうなテストがひとつある。訓練者が、「いつも訓練者自身が生成しているような、きれいで順序の整った手話を生成する」のと、「いつもチンパンジーが生成しているような、ノイズが多く不規則な手話を生成する」のとではどちらを「聞く」か、チンパンジーに選ばせてみるのはどうだろう。もしも仮にチンパンジーが混じりけのないシグナルへの選好を示すようなことがあれば、自分では生成できなくても、他者が生成した場合には正しい形式を認識できるヒトの子どもと同等であるということになりそうだ。驚くべきことに、幼い子どもでは時折、こんな不均衡の例が実際に見られる。子ども自身がさまざまな語を発音し間違うような時期に、おとながその間違いを真似するのを激しく拒否するのだ（かと思えば、自分自身のとは大幅に異なるおとなの発音をまったく平然と受け入れる）。一方で、もしもこういったテストのどれにもしくじったとしたなら、方法論的な批判が的を得ていたことになりそうだ。混じりけのないシグナルやメッセージなど、チンパンジーの心の中には存在していないことになるだろう。それらは、実験者がつくりあげたものにすぎないのだ。

たとえ、疑問を抱いたおかげで方法論的な点に改善が見られたとしても、本質的な問題は残っている。文法クラスというガードナー夫妻の主張は、wh- 疑問文にもとづいており、ロジャー・ブラウン（Brown, 1968）が提案した分析を借用したものだ。成人の発話においては、wh- 疑問文をつくることは、文法クラスを大前提とした標準的言語モデルを支持することになる。しかし、そういった疑問文をつくることが示しているものは、ただその疑問文に答えることだけからでは示されないのだ。wh- 疑問文に答えることを学習するなら、wh- マーカーを持つ語の知覚特性と単純に連合させるだけでも可能だろう。"who" と個体名、"where" と場所や位置、"what" と対象、というふうに。こういった連合をつくるのに統語論的な要請などといったものは生じないし、そうすると実のところ、wh- 疑問文に答える能力はすべて、「弁別学習課題」へと還元されるだろう（Seidenberg & Petitto, 1979）。事実、ガードナー夫妻のデータは wh- 疑問文の生成には関心を払わず、疑問文に対する答えだけしか扱っていなかったのだ。

言語と転移

便宜的にここでは、動物が知覚クラスに基づいて獲得した規則を「言語」、そのような規則をもたらした訓練を「言語訓練」と呼んできた。しかし、気を付けておくべき点があるのはいうまでもない。ラベルとして都合がいいからといって、この「言語」がヒトの言語にいささかでも似ているわけでもなければ、学習がどこか特殊なものというわけでもないのだ。

まずは学習についてみておこう。類人猿やイルカが示す学習は、かれらよりも劣った（脳の小さな）種で期待できそうなものとは一線を画した、異なったものだろうか。その学習は、かれらをヒトに近づけるようなものだろうか。わたしたちはついに、知性を備えた種における学習が、それほど知性の高くない種における学習といかに異なるのかをあきらかにできるところまでやってきたのだろうか。

イルカのパフォーマンスの特徴として際立っているのは、転移であるように思う人もいるだろう。

たとえば、「棒」と「取ってくる」、「ボール」と「触る」を連合するように訓練されれば、「取ってくる」を「ボール」にも、「触る」を「棒」にもあてはめる。しかし、転移それ自体は、他の学習の事例から一歩も踏み出していないのだ。あるものを取ってきて別のものを触るように訓練されれば、どんな個体でも、当初訓練されたのとは違うものでも取ってきたり触ったりする。同様に、弁別的な刺激（「ことば」）を合図としてものを取ってきたり触ったりするように訓練された個体なら、連合された「ことば」で合図された他の対象にだって反応するだろう。あらゆる対象（「一体となって動く」すべてのもの）に反応するか、訓練場面において出会ったものだけ、訓練で使用されたのと物理的に似ているものだけに反応するかを予測するのは難しい。転移の境界線は一般的には見いだされるものであって予測されるものではなく、種によっても、訓練の条件によっても、さらには個体によってさえも変わりうるのだ。種に関わらず（ネズミ、チンパンジー、イルカ、あるいはハチであろうとも）、厳密に訓練アイテム間だけでの連合を形成する個体などいない。連合はいつも、訓練アイテムをトークンとしたタイプ間で起こる。これは、あらゆる学習に言えることだ。この事実を最初に見出したひとりであるスキナー（Skinner, 1935）は、刺激と反応を包括的あるいはクラス概念として定式化した。そうしてみると、イルカでおこなわれた実験をもっと他の種、特に知能に関して評判が高いわけでもない種で試してみるのもおもしろそうだ。手続きの一部はすでにアシカでおこなわれているが（Schusterman & Krieger, 1984）、ネズミやハトで得られる結果は、とりわけ有益なはずだ。

データの第一ラウンド

サルやヒトの子どもに、特定の三角形、たとえば正三角形に対して反応する訓練を施した上で、三つの簡単なテストをおこなったとしよう。そのテストと、それぞれ予想される結果は、どんなものだろう。最初に子ども（あるいはサル）は、正三角形とそれ以外の三角形（訓練された三角形との類似性に沿って独立に格付けされたもの）との間で選択をおこなうよう求められ、それ以降のテストでは、もっともよく似た三角形とそれ以外の三角形との間で、同様な選択を求められる。驚くまでもなく、子ども（サル）は、訓練時の三角形をそれ以外の三角形よりも選択し、残りの三角形については、訓練に用いた三角形との類似性に応じて選択することになる。第二に、これまでのと同じ三角形のセットを、今度はひとつずつ提示し、反応時間を記録する。一番速く反応するのは訓練アイテムに対してで、他の三角形への反応時間は、訓練アイテムとの類似性に応じたものになる。そして第三に、標準的な転移テストをおこなう。個々の三角形が、円、正方形、長方形などと対置されるのだ。選択されるのはつねに、三角形でないものよりも、三角形（正三角形だけでなく、直角三角形、二等辺三角形等も）になる。

第三のテストにおいて、わたしたちは（般化でなく）転移について語れるようになる。データが、等価クラスの存在を示しているからだ。三角形と非・三角形とが競合する場合には、すべての三角形は同じ。しかし、本当にそうだろうか。実際には違う。般化のデータが示すように、ある三角形が、他のどの三角形よりも素早く選択される。三角形という等価クラスが成立する一方で、実験からは、特定の三角形が特別だという証拠が挙がっているのだ。

「般化 VS. 転移」という動物学習研究の伝統と、「同定手続き VS. 中心概念」というヒト概念研究の伝統との類似性について考えてみよう。ジョージ・ミラーとジョンソン・レアード（Miller & Johnson-Laird, 1976）は後者の差異を用いて、数々の「奇妙な」事実を理解可能なものにした。人々は、奇数の一例として挙げる数を選り好んだり（Armstrong et al., 1983）、ある鳥を、別の鳥よりも「鳥らしい」と思ったり（Rosch, 1975）、ときには「祖母」を、正式な定義でなく、自分が経験した属性（白髪やぽっちゃりした姿、皺）にもとづいて同定したりする。奇数や鳥、祖母は（三角形と同じく）、それぞれが等価クラスを構成している。さらには、これらのクラスに属するメンバーは、実際に経験されることで、（上記で述べた正三角形の例に劣らず）特別な地位を得ることになるだろう。内包／外延、内包的意味／外延的（指示的）意味、中心概念／同定手続き、転移／般化……。この一連の、構造をほぼ同じくする差異は、それぞれが異なる知的伝統に根ざしているが、ヒト以外の種（かなり原始的なものも含む）に見出すことができる概念の中心的属性をあきらかにしてくれる。

学習能力があきらかになっている種の「クラブ」に、ごく最近加わることになった無脊椎動物、アメフラシを考えてみよう。外套膜にショックを与えられると、アメフラシはそれを引っ込める。さらに、エビの濃縮液を電気ショックと対提示することで、このアメフラシに同じ反応を条件付けることもできる（Carew, 1981）。こうなると、エビ濃縮液の特徴を少し変化させると、弱まっているものの条件反応が生起すること、つまり般化が起こることは、ほぼ間違いない。しかし、般化が起こせるならば、転移も起こせるはずだ（もっとも、その生物がどれほど原始的かに応じて手続きを和らげる必要はあるが）。これを、等価クラスとして計画してみよう。エビ濃縮液ならどんなものでも、それがどれほど訓練の際に用いられたものと似ていなくても、「エビでないもの」の濃縮液よりは強い反応を引き起こすだろう。選択反応の代わりに反応強度を用いたからと言って、等価クラスという基本的なアイディアから外れることにはならない。ということは、わたしたちは、無脊椎動物において、基本的な（「第一ラウンド」の）概念的現象をふたつとも、つまり「そのクラス内のアイテムがどれも、クラス外のアイテムとの比較において同じであること」と「そのクラスのうち実際に経験されたメンバーが特権的な地位を占めること」とをどちらも、手にしたことになる。これら「第一ラウンド」のデータは、ほとんど必然的なものだ。ヒトと軟体動物とを区別するには程遠く、「概念」という概念の兆しとともに現れるのだ。

第二ラウンド

なんらかの違いが見出せるとすれば、データの第二ラウンドの方に望みがありそうだ。第二ラウンドは基本的に、ただひとつの事実から引き出される。等価クラスとしてもういちど三角形を引き合いに出すなら、すべての三角形が非・三角形よりも選択され続ける一方で、三角形に似た（しかし実際には違う）アイテムも、非・三角形よりも選択されることになる。たとえば、二辺だけからなる「三角形」が、四角形——三辺だけからなる「四角形」（三辺からなるという三角形の定義に抵触しない）だとしてもなお――よりも、選択されるだろう。このことは、たとえば、縞のないトラや三本足のネコ、ヒゲもなければニャーとも鳴かないネコなどの地位を巡る困惑を引き起こすことになる。というのも、こういった定義に反する生物たちもやはり、トラ、ネコ、等々として容認されるからだ。ここで「本質」について語りたくなる人もいるだろう。たとえば、さまざまに変容しても保持される（あるいは保持されなくなる）ネコの本質、というように。しかし、本質が存在するとしても、それは、ヒラリー・パットナム（Putnam, 1975）たちが示したように、個人の見解、とくに専門家の見解によって変わることになる。さらには、専門家の見解は年々変化するので、本質も変化するのだ。移ろいゆく本質など、極めて貧弱な本質でしかない。

「本質」よりも重要な問題になりそうなのは、心的な再構成の可能性だ。ネコ（トラ、三角形等々）のどんな一部（あるいは変形）であっても、そこから通常のネコ（トラ、三角形等々）が心的に再構成できるのであれば、ネコ（トラ、三角形等々）であると容認される。このことは、わたしたちが、心的な再構成の原理に強く拘泥しつつ、個々の原理が祖母から三角形に至るまでアイテムごとに多様であることももちろん考慮している、ということを示している。ここで私が「ネコとはなにか」とか「ネコという心的表象はどのようなものか」を論じようとしているのではないことを心に留めてほしい。注目すべき進展もすでにあるので、この問題は他の人々に任せることにしよう（これらの問題の包括的な考察については、Smith & Medin, 1981 を参照してほしい）。

つまり、データの第二ラウンドは、「等価クラスは、私が最初に示唆したほど単純なものではありえない」という事実に関与するものなのだ。三角形、トラ、トリに似ているけれども実際には違うアイテムは、それでも、非・三角形等々よりも選択されることになるだろう。そうすると、データの第二ラウンドは、第一ラウンドと違うものなのだろうか。今度は種間の差が見出せるだろうか——きっとある程度は。無脊椎動物に心的再構成が見られるとは思えない。しかし、脊椎動物ならどうだろう。とりわけ哺乳類では？　心的再構成がヒトだけのものだったら、大変な驚きだろう。

2　学習、ハードウェア、認知

転移という現象においても、さらには、転移を説明する前提となるさまざまなカテゴリーにおいても、チンパンジーやイルカの学習が学習一般と異なる点は認められなかった。このことは見方を変えれば、種差という興味深い問題を系統だって解明することを断固として拒んできた学習研究の長い歴史を生きながらえさせた。ジェフ・ビターマン(8)（Jeff Bitterman, 1975）はこの主張に異議を唱えることができたかもしれなかったのだが、ある意味で彼自身の研究が、そのような異議を打ち消す最大の論拠になった。たとえば、ハチにおける動因の変化（このハチは、高濃度の糖液が低濃度のものに変えられると「怒って」羽音を立てる）を巧妙に示すことで、脊椎動物と無脊椎動物とを峻別したかもしれない学習の理論的枠組みの息の根を止めてしまったのだ（1982）。

（8）　ジェフは愛称

ビターマン自身も種差を見出していたことは認めておかなくてはならないし、パッシンガム（Passingham, 1982, p. 126）についてもそうだ。パッシンガムは、個々の種の進化的な位置付けと学習セットパラダイムによってあきらかになった課題間転移の程度との間には、秩序だった関係があることを報告している。これは、発見がずっと待たれていた一次元的秩序といえるし、そしてもちろん、種間の量的な相違（質的・根本的な相違でなく）として思い描くべきものの完璧な実例だ。一方で、ビターマンが報告した種差は、もう少し解釈が難しい。例をあげるなら、ニシキガメは高い逆転学習能力を示すが、マウスブリーダーの魚は示さない。つまりこの点については、カメはラットに近いことになる。一方で、動因の変化については、魚では見られないが、すでに述べたように、ハチでは見られる。これらの差違にうまく対応する学習モデルのパラメータとは、どんなものだろう。根本的なパラメータなのだろうか。たやすく答えることはできないし、包括的な学習モデルを組み立てることも簡単ではない（将来性のある試みとしては、Estes, 1969 や Rescorla & Wagner, 1972 を見てほしい）。おそらくは無脊椎動物に端を発しながら、学習プロセスに根本的な変化が起こったのだとしても、それらの変化がどのようなものかを述べるのはまだ不可能だ。

学習とハードウェア

学習の基本的なプロセスが種間で根本的に違っていようといまいと、学習以外のプロセスは大きく違っているはずだ。学習以外のものとして主なふたつといえば、認知と、ハードウェアに起因すると考えられるプロセス（便宜的に「に起因すると考えられる……」は省いて、「ハードウェア」とだけ呼ぶことにしよう）だ。現時点では不明な点が多いため、学習、認知、ハードウェアの三つを区別する決まったやり方があるわけではない。しかし、興味深い問題だし、試みるだけの価値はある。

ヒトの子どもにおける言語獲得の研究は、これら三つのプロセスの分離と比較を試みる上でこれ以上ないほど恵まれたチャンスを提供してくれる。比較をおこなうチャンスとして最適なのは、子どもがそれまでの発話様式を再構成しつつある時期になる。というのもこの時期は、突如として多くのエラーがあらわれることでよく知られているからだ。この時期より前には、子どもは特定の発話様式を流暢に、それも明確な知識のもとに、操っている。しかし、この再構成期が訪れると「feet」が「foots」や「feets」になったり、「cut」は「cutted」に、「melt」は誤って「unmelt」に、「don't」「can't」といった短縮は「can not」「do not」といった発話様式に置き換わって姿を消す、といったことが起こる。これらの変化から示唆されるのは、子どもが最初におこなっていた「正しい」言語使用は、表面的な知識や断片的規則、あるいは解析されていない様式――要するに各様式間の高次の関係が全面的に認知できていないこと――にもとづくものであったということだ。再構成期には、子どもは「解析されていないもの」を解析し、「結びついていないもの」を結びつける。その結果として、しばしば、新たな「発見」の成果を拡張しすぎてしまうのだ。かつて、再構成は、言語のごく限られた側面、すなわち、語の変化あるいは屈折形態論についてだけのものとみなされてきたが、今では、事実上言語のあらゆる側面に影響を及ぼす主要なプロセスだと考えられている。メリッサ・バウアーマン（Melissa Bowerman）の派手なもの言いを借りるなら、「再構成は、もっと明白な進歩の兆しに隠れて、地下水脈のように流れつづけているのだ（Bowerman, 1983, p. 319）」。

発話に見られる屈折形態論は、再構成のもっともシンプルな事例をいくつかもたらしてくれる。さらに、リサ・ニューポート（Lisa Newport, 1983）による最近の研究は、アメリカ手話（ASL）においても同様な再構成の例を報告している。ニューポートは、手話サインが形態論システム、すなわち、階層化したあるいは殻状の配列を備えていることを見出した。殻の中心にあるのは「語根」、意味の主要な供給源だ。語根のすぐ隣にあるのが動詞から名詞（paint/painter）といったように文法クラスをコードする派生形態素、さらに外側の層には、時制（walk/walked）や数（painter/painters）をコードする屈折形態素がある。ニューポートは、子どもがどうやって殻を貫いて語根に至り、形態論システムを獲得していくのかを明快に説明してくれた。私は、彼女の説明にひとつだけ修正を申し出たい。彼女は、このプロセスすべてを学習によるものだとしている。プロセスの一部――いちばん最初と最後――が学習によるものであることには私も同意するが、注目すべき部分は、学習ではなくハードウェアで成り立っているのだ。むしろ、その部分がハードウェアの実例でないとしたら、ヒトでハードウェアを見つけ出すことなどできそうにない。

このプロセスは、学習によって始まる。言語獲得において子どもが最初に直面する課題は、語‐意味の連合からなるデータベースを収集することだ。この段階では語は、内部に関する解析を受けていない。全体論的・音韻的な存在なのだ。解析がおこなわれていなくても、子どもの語の使用は流暢なものだ。たとえば、不規則形（foot/feet）も規則形（dog/dogs）も、それぞれ適切に使いわけることができる。しかし、複数化の規則を獲得している訳ではなく、学習という古典的なメカニズムのおかげでうまくいっているのだ。子どもは、解析しないままの語と刺激条件ごとに連合を形成している。

この、解析しないまま語 - 意味ペアを収集した体系は、まさに学習によって得られる。言語の場合が、もっと見慣れた学習の事例と異なるのは、その規模だ。わたしたちは(学習のはじまりであったと思われる)無脊椎動物の学習を見てきているために、よりシンプルなバージョンの学習(刺激と反応とを個別に連合させること)に慣れてしまっているが、ヒトの子どもの言語獲得では、学習のプロセスが、おそらくこれ以上ないくらい大きなスケールで起こっている。しかし、連合がどんなに多かろうと、基本的なプロセスは変わらない。全体論的だろうが未解析だろうが、アイテム間の連合は、原則として個々のペアごとに独立して生じている。

さらに興味深いのは次の段階で、ここでハードウェアが入り込んできそうだ。語 - 意味のペアが整うと、子どもの心の「窓」が開かれ、データベースを可能な限りシンプルに表現しようとするプロセスが作動する。このプロセスには、データベースを表現するだけでなく再生もするというもっと強力なゴールがあることを期待してもいいだろう。この可能性が現実のものとなるような、規則検出が可能なプロセスがあるとすれば、それは、最初のデータベースを生成するのに必要とされるもっと単純なプロセスとは異なるものになるはずだ。

データベースを獲得するにあたって、子どもは、語 - 意味のペアをひとつひとつ加えてゆく。しかし、データベースのもつ規則性は、語 - 意味のペアをひとつひとつ見ているだけでは検出できない。規則性を検出するには、低く見積もってもデータベース全体のうちのかなりの部分について、分布解析をおこなうことが必要になる。まずは、対の最小単位——ユニットひとつだけが異なるような、paint / painter、paint / painted、paint / paints といったもの——を検出しなくてはならない。対の最小単位の検出は、なんらかの仮説に沿っておこなわれるはずだ。意味の差違のどの部分が、語の差違のどの部分と対になっているのだろう。たとえば、「ed」は時制を示しており「root＋ed＝過去形」である、というような仮説が、分布解析から見出された規則性によって支持されたり、棄却されたりする。そしてついには、このプロセスによって名詞と動詞とが区別されるのだが、一方で、間違って動詞を複数化したり、名詞を過去形にしたりもするだろう。

分布解析に必要とされる表象は、学習に必要なものをはるかに凌ぐ。かりに（アメフラシにおいてさえ）条件付けにCS（条件刺激）とUS（無条件刺激）——エビのパウダーと電気ショック——の表象が、なんらかのかたちで必要であったとしても、その表象というのは、短期記憶と同程度のものだ。長期記憶のデータベース全体を表象する能力——まさに、分布解析をおこなうのに必要な能力——とはまったく別物なのだ。実際のところ、分布解析に必要とされる表象の質を考えれば、一部の生物種には不可能だと見なさざるを得ない。例をあげるなら、無脊椎動物は、経験全体の中に何らかのパターンがあれば学習する（個体の経験にもとづいて「適切に」反応する）ことができるが、そのパターンを検出することはできないだろう。たしかに形態論規則も連合ではあるが、CS-US間の連合とは異なるものだ。条件付けとは異なる、はるかに複雑なプロセスを経て形成されるものなのだ。

分布解析が完了すれば、再び学習の出番となって、こんどは形態素クラスと刺激条件間の連合を確立することになる。音韻論的解析に伴って意味についての詳細な解析がおこなわれる——たとえば、過去という概念（Bowerman, 1983を見よ）はおろか複数という概念さえ変化する——というのも、十分ありそうだ。とはいえ、刺激サイドの証拠となると少々見つけにくいため、ここでは深入りしない。

形態素-意味の連合を学習の一例とみなすことにためらいをもつ人もいるだろう。形態論的解析によって形成した規則（つまり"root + ed = rooted"）を「学習に帰属されるべきもの」とみなすことには、もっとためらいがあるかも知れない。残念ながら目下のところ、現在「学習」と呼ばれているものは何なのかがはっきりしないのは周知のことだ。連合とみなされるべき「つながり」の性質や連合されうる「アイテム」の性質で括ることもできない。残された手段は、学習に、なんらかのかたちで制約を加えてみることだ。しかし、ここで私は、あえて学習には制約をつけないままにしておいて、（ある何種かの生物についてだけだが）知覚と学習との間に介在するいくつかのプロセスを加味することによって、種間の違いを検討することにした。単純な種では、知覚（および感覚）だけが、「解析」可能なものだ。介在するプロセスもなく、学習は、知覚内容に直接作用している。しかし、ヒトでの学習は、知覚だけでなく、（分布解析など）知覚と学習との間に介在するあらゆるプロセスからの出力にも作用しているのだ。

ヒトの子どもが屈折形態論を獲得するのとすこしでも類似した学習を、ヒト以外の生物について、思い描くことができるだろうか。ひょっとしてイヌでは？　「ある音色の時は左を向き、別の音色では右を向く」ようにイヌを訓練したとしよう。聴覚課題をイヌが学習した後には、視覚課題を追加し、「ある照明の時には上を向き、別の照明では下を向く」ことを教え込む。しかしイヌは、視覚課題が学習できないばかりか、聴覚課題の反応まで崩壊してしまう。とはいえイヌのエラーは、ランダムなものではない。音に対して上／下で反応することは決してないし、照明に対して左／右で反応することもない。より上位の（間違ってはいるが）般化――音は水平方向、照明は垂直方向――をおこなったかのように振舞うのだ。第三フェースに至ってようやく、イヌは聴覚弁別を回復、視覚弁別も獲得して、より上位の般化をはっきりと「修正する」。

このような次元とモダリティとの連合は――過渡的に誤りを生ずる時期を伴うことも含めて――、ヒトの子どもの反応と似ていなくもない。子どもも、最初は“foot／feet”や“dog／dogs”を正しく対照させることができるが、そのうちに“feet”とそれよりもはるかに一般的な“dogs”との類似性を見極め、“feets”をつくりだしてしまう。しかし、我々の仮説に登場したイヌには、現実のヒトの子どもとは根本的に異なる点がある。このイヌが成しとげたこと――認知（上位レベルでの般化）と学習との結合――は、そうそう起こることではなさそうだ。しかし、ヒトの子どもは皆、特別優秀な子どもに限らずとも、分布解析をおこなっている。認知が学習と結びついているのではない。子どもの場合は、ハードウェアが学習と結びついているのだ。

クレオール化

子どもは、通常の言語に含まれる形態論システムを抽出するだけではない。言語環境が標準的でなく、抽出すべきシステムが含まれないものであった場合には、形態論システムをある程度まで構築する（Bickerton, 1984; Sankoff, 1980; Slobin, 1977）。ふたつの「自然の実験」（どちらの場合も、子どもが一般的な第一言語を経験しなかった）から、子どもは言語の（解析者であるだけでなく）創造者であることが示されている。一方ではピジンを、もう一方では「固定的な」手話サインを第一言語として経験したのだ。

ピジンとは、同一言語を共有しない大人同士が交易や商売のために考案した、「貧弱な」言語だ。ピジンにおける語は、屈折あるいは派生形態を持たないことが多い。たとえば、"giver" "gave" "gives" のかわりに "give" だけを使うと考えればいい。ピジンは、（全面的に語順に依存した構文も含めて）チンパンジーたちが教わった人工言語に似ている。固定的手話サイン（Fischer, 1978; Newport, 1982）においては、通常形態や提示位置が多様な（ことによっては屈折を示し意味変化がもたらされる）手話サインが、ピジンの場合と同様に、単一の意味でもちいられる。

第一言語として（上記のように）貧弱な入力しか受けなかった子どもは、そのシステムにいくつかの成分を加えてゆく。屈折形態や、より複雑な統語規則を加えることで、ピジンをクレオールへと更新するのだ。ピジンをクレオールに変えるばかりか、固定的手話サインを標準的なASLにだって変える（Newport, 1982）。少なくとも、六歳以前に貧弱な入力を受けていた子どもに関しては確かなことだ。では、六歳以降にピジンの入力を受けた子どもは、入力されたデータベースを自発的に豊かにするだろうか。それとも、ピジンを話しつづけるのだろうか。こちらについては自然実験からは十分には解明されていない。しかし、手話・ASLの自然実験のほうでは、かなり解明されている。六歳以降に、第一言語としての固定的手話サインを経験する聾の子どもも多い。第一世代の聾児（聴覚に障害をもたない両親を持つ場合）が、そうなりやすい。発話が強調されるため、手話を経験するのが遅れるのだ。このような子どもたちは、固定的手話サインを早期から経験していた子どもとは対照的であり、大人になっても、当初の（固定的）システムが変わらないままなのだ。

規則、慣習、科学法則――課題特異性と種特異性

分布解析は種や課題に特異的なことなのだろうか。（ニューポートが示した事例が見事にあらわしているように）発話に限ったことではないとしても、やはり種特異的かつ課題特異的、つまり、ヒト言語特異的なものかも知れない。しかし、公正を期するためにも、問いを拡張してみる必要がある。我々はここまで、特定のケース――規則（たとえば root + ed = 過去形）――だけを扱い、他の二ケース――慣習と科学法則――を無視してきた。ここで、これら三つのケースを比較して、ハードウェア化された解析の一般的性質をあきらかにし、そのような解析を制約する要因や、解析が種・課題特異的になってしまう理由を解明しなくてはならない。しかしまずは、三つのケースがそれぞれどのようなものか、互いの相違点がどのようなものかをはっきりさせることにしよう。

言語の規則――ここで取り上げる唯一の規則――は、所与の事例によって明確に示される。スウェーデンでは最近、ある慣習についてのすばらしい事例が見られた。ある日の、あらかじめ決められていた時刻に、走行中の車がすべて停止し、再び動き出すと思ったら、道路の反対側を走りはじ

めたのだ。科学法則の事例なら、いくらでもあるだろう。ニュートンの基本四法則のひとつである気体の法則、フックの法則、などなど。

これら三ケースの根本的な相違がもっともよく現れるのは、例外に対する人々の態度をみたときだ。慣習に対する例外は違法とみなされ、そのような例外に荷担した者は罰せられる。これに対して、言語規則の例外は特殊な立場にあり、「言語を使用するコミュニティーのメンバーが、そのような例外的用法を共有している」と考えられる。(例外を) 用いないのは無知な者だけなのだ。科学法則の例外は、また別の立場にある。科学法則にとって、例外が見つかるほど困ったことはない。その例外が (実は例外ではなく) いんちきであることを示すか、理にかなった根拠のもとに (つまり法則の境界条件を変更するなどして) 除外できるものであることを示すか、さもなければ、その法則を放棄する覚悟をするしかないのだ。このように例外は、三つのケースごとに異なる扱い——罰せられる、尊重される、否定される——を受ける。これらの規則性はどうやったら観測して、ことによれば、発見していけるのだろう?

慣習は、いうなれば、学習されるものだ。対照的に、言語規則はごくわずかしか学習に拠っていない。規則性抽出の役割を実質的に担うハードウェア化されたプロセスに至る前提を、学習が整えるに過ぎない。科学法則は、これまた別の対比を生み出すことになる。どんな子どももそれぞれに言語規則を「発見」するが、科学法則を発見する大人になるのはそのうちのごくわずかだ。科学法則の発見は、しきたりや規則よりも認知能力に依存している——少なくとも、いつやってくるか分からない例外事例から法則を擁護するには、認知能力が不可欠なのだ。とはいっても、そのような法則を最初に思いつくプロセスは、依然として謎のままなのだが。

ここで我々は興味深い問いにつき当たる。科学法則（あるいはしきたり）も、言語の規則を「発見」してくれたのと同じ、ハードウェア化された解析プロセスによって抽出されたりするのだろうか。この問いに答えるには、別の問いをふたつ立てるのが一番だ。言語の場合に、規則の獲得を可能にしているのはいかなる条件か。これらの条件は言語以外、とくに科学や慣習においても適用可能だろうか。

言語の場合はふたつの条件が不可欠になる。データベースと、データベースが含む規則性を抽出可能なプロセスだ。我々はこの「レシピ」をウェクスラー-クリコヴァー（Wexler & Culicover, 1980）のモデルに見出すことができる。これはいうまでもなく、屈折形態論でなく統語論のモデルだが、同様の条件を、科学や慣習に適用する（または用意しておく）ことを見越しておいていいものだろうか。

気体の法則、ニュートンの法則、どんなものでもいいが、物理法則へと至る一連の観察について考えてみてほしい。データベースはあったとして、それが内包する法則性を導いてくれるようなプロセスを想像することができるだろうか。ふたつめの問いについては、答えが「イエス、可能である」であることをひたすら期待して乗り切ることにしよう。ヒトの脳は、適切なデータベースさえあれば、必要とされるプロセス（そのうちいくつかはすでに備わっているもの）を引き出してくることができるはずだ。ということはおそらく、明確に定義された強力なデータベースさえあれば、ヒト以外の生物の脳でも同じことが可能なはず。この仮定によって、最終的な興味である第一の問いへと戻る足がかりを得ることができる。

言語獲得においては、データベースはその種（ヒト）の行動から引き出される。たとえば子どもは、非言語的な諸条件と結びついたかたちで文に接することになる。ウェクスラー - クリコヴァーのモデルにおいては、こういった文 - 条件のペアがデータベースを構築し、語の形態のデータベースを構築している語 - 意味のペアと合致させる（実際には前者のデータベースには、文に加えて、文 - 条件の関係について子どもが抱いている非統語的な理解から抽出された基本句標識が含まれる）。どちらの場合も、データベースに含まれるさまざまな規則性は、単純なものに劣らず複雑なものについても、その種が示す実際の行動の中に具現化されているのだ。言語を獲得した通常の子どもには、会話を交わし、同時に、環境との諸々の関係を観察してくれる保護者が、少なくともひとりはいるはずだ。保護者は、たとえば、ラジオをつけて子ども部屋のドアを閉めるだけではない。そのような稀なケースが現実になってしまうと、その子は言語を獲得できない。データベースの脆弱さにも限度があるためだ。たとえばピジンは、貧弱なものではあるが、それでも抽出プロセスを作動させるのに十分強力なデータベースを備えている。では、十分な愛情を持っているが、文をもちいて子どもに接することが全くない（一語発話のみで子どもに話しかける）保護者ではどうだろう。しかし、そのような逸脱が見られることはほとんどない。幸い、ヒトが持つ遺伝的な仕組みによって、子どもには通常、必要とされる規則性を例示してくれる保護者の存在がほぼ保証されているのだ。

一方で、たとえば気体の法則や、慣習ならば食のタブーを考えてみると、必要とされる規則性が具現化されているような種特異的行動をおぜん立てするのはたいへんだ。このケースが難しそうに感じるのは、単に見落としているだけのことなのかも知れないことは認めざるを得ない。しかし私自身は、気体の法則（や他の法則）を抽出するもとになりそうな一連の観察を、まだ見出すことができないでいる。それができない限り、この問題について憶測を重ねるのは馬鹿げている。そこでかわりに、「見出すことができる」と仮定してみよう。もし見出すことができて、必要となるデータベースがその種における経験に具現化されているのであれば、「科学法則（や慣習）が言語と同じように獲得されるはずがない」と考える理由はなくなってしまう。しかしあえて仮に、「具現化された」と仮定してみよう。それでもわたしたちは、これらのケースの例外に関する態度を大きく変えないでいられるだろうか。

変わらないはずがない。個々の法則が有していた所有権など、なくなってしまう――「ニュートンの」法則も、あるいは、「フックの」法則も、「ボイルの」法則もなくなって、その種に備わった諸法則だけになってしまう――のだから。そして、ハードウェア化されたデータ解析によって抽出された規則性からの逸脱は、種の一員であるおかげでお墨付きを得て、一個体の認知を通して発見された同様の逸脱とは異なった捉え方をされることになる。

どうも、個人がなすべきこと（慣習）や成し遂げたこと（科学法則）をどう考えるかは、学習・ハードウェア・認知をどうブレンドするかによって決まるらしい。ヒトの「ブレンド」が変わって、ハードウェアの割合が増えたらどうなるだろうか。個人がなすべきことや成し遂げたことに対する現在の我々の評価は、大きく変わることだろう。

データベースは学習の産物であり、分布解析はハードウェアの産物であるとみなせる。しかし、どうしてハードウェアなのだろう。データベース（およびその表象にかかわる計算プロセス）の心的表象はまさに認知にふさわしい、というより、認知に関するもっとも一般的な見解と完全に一致する。もちろん、「計算プロセスは（意識的・意図的というよりは）自動的なものだ」と主張する――私自身、妥当な主張だと思う――ことは可能だが、真に科学的な位置づけをめぐる論争が続く最中にあって、助けになるというよりも助けが必要な諸概念にこのような区別を押し付けるのは忍びない。以下に述べるのは、操作的なものではあるが、ハードウェアと認知を峻別する上での四つの立脚点だ。

第一に、分布解析とクレオール化の形成プロセスとは、どちらも、児童期において限られた時期にしか出現しないらしい。二歳を過ぎたあたりで開くらしき「窓」は、六歳までには閉じてしまうようだ。臨界期を仮定すれば、ダウン症者の言語獲得が貧しく不完全なものになってしまうことも、説明がつくかも知れない。レネバーグ（Lenneberg, 1976）は、彼ならではの先見の明で、「ダウン児は通常のプロセスを経て言語を獲得するのだが、速度が遅いために、発達が初期段階で止まってしまう」と考えていた。アン・フォーラーによる最近のデータ（Ann Fowler, 1985 の博士論文）は、レネバーグの主張を一点だけ否定するものだった。言語獲得の速度は定型発達と変わらなかったのだ。

これは、ダウン症においては、「窓」が閉まるのが早すぎることこそが問題なのだ、ということを示唆している。

第二に、分布解析には、最小限とはいえ引き金となる条件が必要そうだが、認知には必要なさそうだ。とある物理学的問題（あるいは一連の問題群）に目を向けてみよう。現時点で十分あきらかとはいえないような問題なのだが、個人差は重要な手がかりかもしれないという点だ。解析の引き金となるデータの量や持続時間は個人ごとに異なるだろうし、その結果起こる体系化の程度も個人ごとに異なるだろう。とにかく私が言いたいのは、通常の認知には、最小限のデータベースさえ必要ない、ということだ。認知は、「小さな」課題、大きな課題を問わず利用されるが、ハードウェアが利用されるのは、「大きな」課題に限られるだろう。

第三に、**終了**のコマンドは、引き金となる条件や**開始**のコマンドよりもはるかにはっきりと、ふたつのプロセスを峻別してくれそうだ。何が子どもの言語獲得を終わらせるかは、ずっと謎のままだ。子どもたちがおとなの文法を捨て去ってもっと上品なシステムに移行しないのは、時間が足りないせいなのだろうか。「窓」が閉じられるのがもっと遅ければ、子どもはもっと強力な言語システムを生成する（しようとする）のだろうか。たとえば、子どもがそれまでの入力を解析し終えた後でデータベースに変更を加えたとしたら、子どもは同じシステムを再解析して規則を削除したり、新たな規則を加えたりするだろうか。ヒトの用いる語にはふたつの階層があり、バイリンガルの子どもはふたつの言語それぞれについてふたつの階層を解析するのだから、その子には、ひとつの言語を四つの階層について解析することも可能なのだろうか。子どもが（言語獲得を）「止める」のは、規則性が満たされたからなのか、時間切れになったからなのか、それとも、その子にできる限りのシステムが完成したからなのだろうか。認知は、動機づけと結びつく点でも、ハードウェアとは異なる。強情な個体なら、他の問題に対する努力をやめてしまって（別の問題にはまったく別の基準を当てはめるのだ）、データベースに何度もぶつかってゆくだろう（まるで、そのデータベースの規則性を断固として拒否しようとするように）。ハードウェアの振る舞いはこれとはまったく異なる。うまく働かなくなる（認知ではしばしば起こるのだが）こともそれほどないようだ。おそらくは、あるレベルでの成功を保証してくれるようなデータベースだけが引き金になって作動するからだろう。解決できるかどうか分からない問題に立ち向かってゆくのは、認知だけなのだ。一方で、ハードウェア化された解析がうまくいかなかったことは、いったいどうやったら分かるのだろう。わたしたちは、ハードウェア化された解析の失敗が折り重なった廃棄物置き場のようなもの、といえるのかもしれない。

第四に、内的な解析プロセス全体の中で不可欠な要素となる計算を、独立した認知活動のかたちで実行することは、子どもにはできないだろう。例を挙げれば、相似は、形態論的解析の一部ともいえる。たとえば、kill / killed と相似の hit / hitted を解析によって見出すことで、再構成期に特徴的なエラーが起こってしまう。しかし、同じ子どもでも、同程度の相似が独立した課題として提示されてしまうと、うまく答えられないだろう。この点を満足のいくように論じるには「ハードウェア化された処理プロセスがどのような要素から成り立つのか」が明確でなくてはならないのだが、今のところは、推測や予測の域を越えていない。

私は、ハードウェアと認知とを、計算プロセスのセット（組み合わせかた）が異なることを根拠に峻別しようとしてきたわけではない。セットはどちらについても同じ、あるいは、認知のセットにおける計算プロセスひとつひとつに、ハードウェア化された類似のプロセスが存在するのではないかと考えている。経路は現在のところ謎のままだが、認知のあらゆる「アイディア」はハードウェアから生じているのではないかとさえ思えるのだ。つまり、ハードウェア化された計算セットは認知のセットよりも大規模で、認知がいまだアクセスできないような要素を含んでいても不思議ではないのだ（類似した見解として、Rozin, 1976 を見よ）。あきらかに検証困難な仮説だけれども。

学習 vs. ハードウェア

ハードウェアの実例として、言語獲得を担う装置について考えてみよう。この装置を、条件付けや学習に不可欠な装置と分離することは可能だろうか。学習と言語獲得とはどちらも生得的な能力であるから、ハードウェアの属性としてもっとも一般的に受け入れられている「生得性」によって、ふたつのケースを分離することはできない。ハーロウ（Harlow, 1949）によって広められたフレーズのように「学習することの学習」はこの逆を示唆していそうだが、このフレーズも、厳密に検討してみればあやしいのだ。

学習に関するさきほどの我々の定義が、「特定の条件下において、あるアイテムを別のアイテムと連合するプロセス」であったことを思い起こしてほしい。この定義を「学習することの学習」というフレーズに当てはめてみると、こんな主張が成り立つ。「(特定の条件下において) あるアイテムを別のアイテムと連合することによって、(特定の条件下において) あるアイテムを別のアイテムと連合する能力が向上する」。つまり、「条件付けそのものが条件付けされうる」という主張が浮かび上がってくる。

この主張のもとになったのは、若い、あるいは成体のサルたちのデータで (Harlow, 1949)、かれらは、実験室で限定的な弁別の訓練を受ける前から、訓練によらない連合を数多く形成してきていたはずなのだ。たとえば、ある個体が形成する連合を一日あたり平均一〇とすれば (控えめな数値だ)、三歳で弁別訓練を開始したサルは、実験室に連れてこられるまでに一万以上の連合のレパートリーを持っていたことになる。つまり、連合の形成が実験室から始まるわけではないのだ！ 一万もの連合を形成した後に少しぐらい連合を付け加えたからといって、新たな連合の形成速度が速くなったりするだろうか。(弁別課題を繰り返すと) 基準に達するのにサルたちが要する試行数がどんどん減るからといって、それが学習能力の向上によるものだと考えてしまうのはどうも疑わしい。むしろ、学習の向上をもたらしているのは、学習ではないプロセス――たとえば、拮抗する反応が排除され、新たな方略が獲得されるというような――だと考えるべきだ。エステスとラウアー (Estes & Lauer, 1957) も、エステスによるモデルの「学習」パラメータにおける連続試行内での変化を推定することによって、同様の結論に達している。

学習の定義を「連合の体制化」以外の何かに変えることさえできたならば、獲得や向上そのものをよりうまく説明可能なプロセスだって見つけられるし、「学習することの学習」ということばも、現実に即したものになるのだが。あるいは、言語の学習を説明できるような（学習とはまったく異なる）獲得過程を発見することだってできるのだが。とはいえ、これらの選択肢のどれかが現実のものとならない限りは、学習は、経験によって変更されることがほとんどない生得的プロセスとみなしたほうがよさそうだ。

ハードウェアと学習とを峻別するには、生得性以外にもなんらかの根拠を見出す必要があるだろう。学習は（これまでそう捉えてきたように）、汎用的な装置だ。ハードウェア化されたプロセスは対照的に、言語、音楽、心的地図、数的計算能力――ひょっとしたら顔認知も――などの特定の能力を実現するようデザインされた特殊用途の装置だ。このコントラストは、出力側（装置によって実現された成人の能力）に限らず、入力側（装置を始動させる条件）でも見られる。一例として、条件付けを始動させる条件と言語獲得を始動させる条件とを比較してみよう。

言語獲得の引き金とはならない入力も、おそらく大量にあるだろう。子供が口にする食物は（安定した系列上に適切に位置付けられた食物は連合の対象となるため「食物は条件付けを駆動する」とはいえるものの）、特に言語獲得装置を駆動するわけではない。しかしこれは、食物に規則性がまったく見られないからでもなければ、言語獲得装置が検出するようになっている規則性が食物には欠けているから、でもない（事実、料理の配合や手順の記述を試みる文法さえ提案されているのだ）。

何が言語獲得装置を始動させるのだろう。もっともシンプルな答えである「言語音」は、残念ながら正解ではありえない。言語音が必要条件でないというのは、手話の専門家が受けあってくれるように、手話文法は、はなしことばの文法と変わらないからだ（Klima & Bellugi, 1979; Newport

1983)。つまりこの装置は、はなしことばと同様、手話によっても駆動するのだ。また言語音は、(言語獲得装置始動の)十分条件でもありえない。子どもは、(大勢が一致するところだが)言語音だけから言語を獲得することはできないのだ。言語との接触を毎日の百科事典の読み聞かせだけにしてしまったら(「ブリタニカ」実験、Premack & Shcwartz, 1966)、その子どもが言語を獲得することはないだろう。はなしことばは、なんらかのかたちで非言語的な場面と組み合わせられなくてはならない。

ウェクスラー゠クリコヴァーの言語学習可能性モデル(Wexler & Culicover, 1980)は、言語獲得装置のトリガー(引き金)としてありえるもの、あるいは有効な入力、についての示唆を与えてくれる。このモデルでは、特に一文内の基本句標識(*b*)と表層構造(*s*)とからなるペアのおかげで、子どもは基本句標識を表層構造にマッピングするという変形を推論することが可能になる。このトリガーは、成人の文法に関するある特定の見方、すなわちチョムスキーの変形文法観とかなりあからさまに結びついたもので、他の観点との適合を測る上では(おそらく、推論プロセスそのものとともに)修正していかなくてはならないだろう。しかし、我々の趣旨からすればこのモデルの価値は、「ある特定の目的を持った装置が特定の出力をおこなうには、トリガーがどれほど特異的でなくてはならないか」を示している点にある。もちろん、はるかに単純な根拠からでも同じ結論に達することはできる。空間の心的表象を構成する装置であれば、ある空間について記述する他の諸属性から、測量的な属性を的確に抽出することができるに違いない。同様に、顔を認識する装置であれば(そういうものがあればの話だが)、顔と顔でないものとを区別できるはずだ。

　ここで*b*、ウェクスラー・クリコヴァー・モデルにおける基本句標識が、トリガー機構の一部であることについて考えてみよう。文の表層構造と違い、*b*は直接示されるわけではないため、子どもは、基本句標識を自力で組み立てなくてはならない。ウェクスラーとクリコヴァーは、「子どもは、統語論的な知識がなくても、文中で使用された語を知っていて文が発せられた状況を理解しているだけで、これを実現可能だ」と考えたのだ。彼らのこのような見解は、スロービン（Slobin, 1979）によっても後押しされている。彼は、おとなが二－五歳児に向けておこなった大量の発話を検討し、子どもたちが、統語を一切利用しないでそれらの文を理解しうると結論付けた。子どもたちはただ、語を知っていて、「通常の、行為者、行為、対象間の関係」を理解してさえすればよかったのだ。

　このような「前統語的な文理解」という視点からすれば、言語獲得は、まったく異なるふたつのステップから成るプロセスと見なせそうだ。具体的には、第二ステップのみがハードウェアに組み込まれている。*b s*のペアにトリガーされることで、成人の文法が組みあがるのだ。これに対して、第一ステップは汎用デバイス、学習に基づくもので、おもに語の獲得を担っている。ということは実際には、主題関係——たとえば行為、行為者、対象といった——の理解や、この理解能力の獲得を含まざるをえないことになる。この理解の方が、語の獲得よりよほど厄介だ。組み合わせれば「行為」「行為者」「対象」を導き出せるような祖語（primitive）などないのだから、主題関係が学習されうると主張するのも無理な話だ。このような主題的概念が、他のあらゆる概念と同じく、子どもに備わっている——そう面白くもない、明快でもない、しかし、避けられない結論だ。

この二ステップモデルは、「言語訓練を施された動物には相応の言語的な能力がある」と信じる人々にはとくに訴えるところがあるかも知れない。彼らは、第一ステップさえヒト以外にも認められうるのなら、第二ステップについては喜んでヒトに譲るだろう。しかし、残念ながら、その第一ステップについても、ヒト以外に認めるのには慎重になった方がいい。というのも、ヒト以外の種における文理解が主題関係の理解に基づいているという証拠は、ないも同然だからだ。

認知と学習

認知が備わっていない種では、学習が影響を与えうる（そして影響を被りうる）のは学習の諸プロセスにとどまる。たとえば、ある個体に、音とショックとを対提示するなどして脚の屈曲を条件付けたとすれば、その後、消去（extinction: 音が聞こえてもショックは来ない）や拮抗条件付け（counter conditioning: 音が今度は食物と対提示される）によって元の学習に影響を与えることもできる。しかし、認知が備わった種においては、このような学習プロセスは、信念や知識の影響を受ける。つまり、学習の外側にあるシステムが学習のプロセスに影響を及ぼしうるのだ。

もちろん、ヒトでの学習は、知覚情報に劣らず言語情報によっても成り立つだろう。「音が聞こえたら、君の腕に軽いショックを送るよ」ということばも、音とショックを実際に対提示するのと同じくらいの効果を持つし、「音が聞こえても、もう君の腕にはショックを送らないよ」ということばも同じく、効果的に消去を引き起こす（Brewer, 1974）。しかし、こういった教示による学習の成立は、認知そのものというよりも、言語能力の存在を示すものだ。一切の言語教示を除いてはじめて、認知が学習に及ぼす影響をストレートに示すことができる。

たとえば、イヌとヒトとに対して、ベヒテレフ条件付け手続き（音と脚部へのショックとを対提示して、脚の屈曲を条件付ける）を実施したとしよう。その翌日、消去手続きに入ることにする。しかし、件の被験者（イヌ／ヒト）がやって来てみると研究室は真っ暗で、実験室は、ロウソクで照らされているだけだ。嵐のせいで町中が停電してしまったのだ。そうなっていてもイヌたちの反応は通常の消去曲線（あるいは現在の照度レベルと学習時の照度レベルとの差に逆比例した曲線）を描くが、ヒトでは同じようにいかない。そもそも研究室が停電している（ショックを送る電源がない）ことを知ってしまうと、最初の音提示の時点から、脚の屈曲そのものが生じなくなってしまう。さらに反応は、学習時と現在との照度レベルの差に比例しない。また、実験室の照明がもとに戻った場合、イヌの反応にはそれほどの違いは生じないが、ヒトの反応は、通常の消去曲線を描くようになる。

イヌが停電の影響を受けなかったのは、イヌにおいて条件付けが「認知で突き崩せない」(Pylyshyn, 1980) ようなものだからではなく、単に、そこで問題になる因果関係を理解していないからにすぎない。イヌに理解できる適切な因果関係だってあるのかもしれない。しかし、もしかしたらイヌは、因果関係など**理解**（馴化を示したり認知的でないやり方で処理したりするのではなく）しておらず、大方の種のように、認知を――ハード回路とふたつのコンポーネントからなるこころを――備えていないのかも知れないのだ。

認知は、成人の条件付けにおいて極めて大きな影響を持っているため、条件付け成立に不可欠な要素としてその存在感を増してきた。たとえばウィリアム・ブルーワー（Brewer, 1974）をはじめとする研究者たちは、個体がCS（条件刺激）とUS（無条件刺激）との関係に気づいて初めて条件付けが成立するのだと明記してきた。これは、私から見れば認知の実態を過大評価しているし、ヒトの条件付けがユニークで他種のとは違う前提条件のもとに成り立つかのような印象を不必要に抱かせるものだ。たとえば普通に考えて、アメフラシの条件付けにアウェアネス（気づき）が必要だろうか。こういう大げさな結論はおおかた、実験上のアーティファクトがもたらしたものなのだ。

大学二年の学生が条件付けの装置に繋がれて不安げにしながら、仮説を考えついては検証し、自分を待ち受ける結末をそわそわと推量しているとしよう。彼が考えつく仮説は、教示がうそでなく、条件付けの手続きが他の手続きにこっそり埋め込まれているのでない限りは、たいていの場合正しい、つまり、実験者の仮説と同じものになる。このいわゆる「非・隠ぺい」あるいは統制条件においては、学生は条件付けを成立させる（さらに実験後のインタビューからは、彼がCS‐USの関係に気づいていたことがあきらかになる）。一方で、教示や手続きが条件付け手続きを隠ぺいするようデザインされていると、彼が考えつく仮説はたいてい誤った、実験者の仮説とは食い違ったものになる。このいわゆる「隠ぺい」あるいは実験条件は、さきほどとはずいぶん異なる結果をもたらす――学生はおそらく条件付けを成立させず、実験後のインタビューからは、彼がCS‐USの関係に気づいていなかったことがあきらかになるのだ。

このことは、仮説の検証やCS‐US関係へのアウェアネスが条件付けに不可欠であることを証明しているだろうか。そうは言えそうにない。証明されているのはむしろ、認知が条件付けをブロックしうることであり、また、実際にブロックされるのは、被験者が採用した仮説が正しい仮説と十分に食い違っている場合である、ということだ。これは逆（正しい仮説とCS‐US関係に対するアウェアネスとが条件付けに不可欠であること）を証明している訳ではないことに、心を留めてほしい。「正しくない仮説が条件付けをブロックしうる」からといって、「正しい仮説が条件付けに不可欠」というわけではないのだ。

自然界においてヒトは、仮説を考えつくこともCSとUSの関係に気づくこともなしに条件付けられているように私には思える。自然界においては、さまざまなかたちで、別々のことが同時に起こる——友達がいるときに歌が聞こえてきたり、恐ろしい犬の出現とともにライラックが香って来たり、あるワインを口にした瞬間に日が落ちて部屋の明かりが灯ったり。するとそのひとは、推測も仮説もなく、CS‐US関係へのアウェアネスもなしに条件付けられるのだ。他のあらゆる種、そうまさに、アメフラシと同様に。しかし実験室状況下では、あらかじめ構えを持ったヒト被験者は、手続きと教示、それらが自分の体に及ぼす影響について推測をおこないながら、自ら進んで仮説を立てるのだ。

実験室研究の結果は、よく主張されているのとは異なる理由で教訓的といえる。個体が仮説を立て、それが的外れだった場合には、条件付けはブロックされうる。ということは、わたしたちが目にしているのは、すでに成立した条件付けを無効化する（停電の例のように）ばかりか、新たな条件付けを確実にブロックしさえする認知の威力なのだ。

認知をそなえているのはどの種だろう。つまり、どの種が、仮説を考えだして検証し、刺激間の関係に気づき、生起する事象どうしの因果関係を理解できるのだろう。

ここで検討してきた認知と学習との関係は、これらの問いに答えるのに役立つだろう。その種は、学習が学習の枠外にあるシステムの影響を受けるような種だろうか。それとも、学習が学習プロセスだけに影響を受けているだろうか。これらの問いからは、高感度のテストがひとつ導かれる。まず第一に、学習は（ヒトの例から判断するに）認知に対して極めて鋭敏であるため、ある種において認知が可能であるのならば、学習にも確実に影響が見られるはずだ。テストを、言語を一切必要としないものにすれば、学習と認知との基盤を厳密に知覚情報にできるという、もうひとつの強みが加わることになる。最後に、このテストがよって立つ基礎的な関係は、因果関係の理解だ。もしもある種が、このような根本的関係すら理解していないとなれば、その代わりになるような関係は想定しにくい。つまり、このテストが過酷すぎたり、偽陰性（false negative）をもたらしそうだということになれば、我々は「因果的関係よりもさらに基本的でありながら、その理解が、依然として認知プロセスと見なせるような関係」を見出さなくてはならない。

ハードウェアのシミュレーションについて

「言語訓練」の研究は、「ひじょうに教育的である」というわたしたちヒトの性質について、興味深いが少しばかり皮肉な論評を与えてくれる。ヒトは自分たち自身を、なにはさておき学習をおこなう認知的な種だと考えているので、ここでは他の種をハードウェアの実例とすることにしよう。

これについては、昆虫や昆虫に近い種が特にふさわしい。というのも、彼らの持つハードウェア化された計算プロセスは、われわれが認知的基盤に基づいておこなうだろう計算プロセスと、実のところ類似しているからだ。たとえばクモは、(網を張るときに) 実験者がクモの背中に取り付けた小さな重りにあわせて、糸の太さを調整することがあきらかになっている。我々ヒトがよく似た課題に直面するとしたら、たとえば、様々な重りを背負ってパラシュート降下しなくてはならないとしたら、ハードウェアによる計算に後戻りすることは決してできず、計算機 (もう少し昔なら計算尺) の助けを借りて調整をおこなうことだろう。

ところが、言語は特別だ。事態を一変させてしまうのだから——言語については、我々はハードウェア化された種になってしまうのだ。言語学者あるいは心理言語学者のほぼすべてが、各論において根本的に見解を異にする者も含めて、なんらかのかたちでこんなふうに考えている。私がこれまでに述べてきたような意味では、学習はおそらく言語に寄与しているだろう。しかし、いったんデータベースが確定すれば、規則性の抽出は、学習によってではなくハードウェアによっておこなわれるのだ。

言語の一風変わった立場——ヒトにおいてめったに見られない、明白なハードウェアの実例としての立場——は、この教育的な種に難題をつきつける。自分たち自身が学習してもいないものを他の種に教えようとするとは、我々も奇妙なことに取り組むものだ。したがってわたしたちは、こんな問いを掲げつつ、類人猿 (最近ではイルカ) に長期的な学習研究をあてがってきたことになる——「我々自身が学習によって成し遂げられないことを、学習プロセスによってなぞることができるだろうか？」。答えはすでに明白だが、かといって誰もが試みをやめてしまうだろうというわけではない。

実のところ、計画の数は増加しそうなのだ。現在のところは類人猿、イルカ、アシカだが、おそらくラット、ハト、サル、さらに私個人の希望では、近い将来にはイヌやウマ（比較的おとなしい家畜）にまで拡がるだろう。どのケースにも、献身的で知識豊富な、その種の擁護者たる専門家で、プロジェクトに必要となる四年や五年を費やす覚悟のある人材が必要となるのだが。

このような試みが増加しそうなのは、「言語」を教えるレシピが、以前よりもはっきりしてきたためだ。これまである刺激と行為全体との連合（たとえば「ライトがついたら食物を得るためにレバーを押せ」）を動物に教えてきた人々が、今では行為を分解するようになり、ある刺激を（たとえばボタンではなく）レバーと、別の刺激を（水ではなく）食物と、さらに別の刺激を（小さいのではなく）大きなレバーとそれぞれ連合させて、単一の「語」ではなく語の組み合わせで行為を要求するようになった。

しかし、はっきりさせておこう、これは言語のレシピではない。この訓練からは文法クラスも階層構造も再帰も生みだされないし、言語もどきのシステムによって情報の心的表象が生まれるわけでもない。ヒト言語の基礎となる、言語以外の属性だって生まれてはこない。しかし、それであきらめる者はいないだろう。我々は一歩一歩（概して小さな一歩なのだ）学んでゆく。だからこそ、来るべき世代の動物実験研究者たちが多様な種に「言語」を教え続けることを期待できるのだ。

3　語とはなにか？

科学的な論争にしてはあまりにしばしば、参加者たちは忍耐を忘れ、ついにはしびれを切らして次のように質問してくる。「で、チンパンジーは本当に言語を持ってるんですか？」「はい」「いいえ」以上の答えは、意味のない言い逃れのようにとられてしまう。驚くべきことにこの点は、真実が究極的に単音節で発せられると信じている（電話で問い合わせてくる）マスコミに限らず、研究者でも同じなのだ。そんなマスコミや研究者お気に入りの単純化のしかたは次のようなものだ。「もちろん、類人猿には文は備わっていない。しかし、なんと単語は備わっているのだ」（Haber, 1983; Danto, 1983）。確かに言語は語と文とから成り立っている。しかし、だからといってこれらの要素がただひと通りの、ヒトに見られるような様式でしかありえないと言えるだろうか。過度な単純化をしてしまうと、語も文もさまざまな様式であらわれうることを見過ごすことになる。

語は、これまでまったく無視されてきたという理由からだけでも、文よりよい研究対象だろう。

「文の方が語より複雑だ」という主張から見れば皮肉なことだが、長いものの方が効果的に理論化できるものだ。クワインが一九六〇年に記したとおり、「語と呼ばれているものは……文と呼ばれているものほど明確でない」。この状況は当時から変わっていない。言語学は文に関する理論であって、語に関するものではない（したがって、類人猿には文は備わっていないが「語は確かに備わっている」という主張にはあまり意味がない）。

ここでは、語のいくつかの側面を選んで取り扱うことにしよう。手始めとしてちょうどよいので、語の生成と理解との違いに関する、回答可能な問題からとりかかることにする。おとなの話者にとっては、生成と理解とはひとつのシステムが持つふたつの側面というだけのことだ。しかしこれから見てゆくように、言語を獲得しつつある個体にとってはそうではない。これは言語訓練を受けた類人猿に限ったことなのだろうか。それとも、ヒトの子どもにもはっきりと見られることなのだろうか。

生成と理解

おとなの話す言語が、生成と理解とが一体化したひとつのシステムであることは、当然のように思える。話すことと聞くこととは、このシステムのふたつの側面にすぎない。しかし、話すことを始めたばかりの者には、おとなと同じような訳にはいかないらしい。たとえばブルームの観察によれば、子どもが最初に発する語が、最初に理解するようになる語と同じではないことがしばしばある（Bloom, 1974）。さらに明快なのは、グエスとベアーによる示唆だ（Guess & Baer, 1973）。彼らは、言語遅滞児への訓練において、生成に関して教えられた語は理解へと転移せず、またその逆の転移も成立しないことを見出している。混乱を避けるためにここで明確にしておきたいのだが、「生成」「理解」という用語は使用のモード、すなわち、話す側、聞き取る側としての子どもの振る舞いをそれぞれ意味しており、解釈の違いを意味しているのではない。子どもは、自分の用いる語を――自分に向けられた要求に応える（理解）語としても、自分が要求を発する（生成）語としても――どちらのモードでもそれぞれ解釈している。「聞き取る側に立った子どもは、話す側に立ったときとまったく同じように語を解釈し、話す側に立った子どもは、聞き取る側に立ったときとまったく同じように語を解釈しているのだろうか？」これが、この問題の最も重要な点だ。理解と生成とは、個別のシステムとして始まるのだろうか。

この問題に直接はっきりと答えるには、理解・生成それぞれの様式で別々の語彙を子どもに教え、転移テストをおこなえばいい。すなわち、理解について学習した語の生成と、生成について学習した語の理解とを求めるのだ。もっとも、倫理的・技術的な理由からこのようなテストは不可能だ。自発的に語を発することのできる生物をそんなテストに参加させる訳にはいかない。手話サインを獲得した類人猿にすら不似合いなテストだ。自分では語を生成できないが、他者から与えられた語を使用することはできるというような個体になら、このテストを試行してもよさそうだ。たとえば、ある個体に対して発する要求はすべてあるひとつのレキシグラムにまとめられ、一方で、その個体が他者に要求する場合には別のレキシグラムを使うように教えられる。その後、その個体がどちらのレキシグラムもうまく使えるようになってから、転移テストをおこなってみる。これは、プラスチック語を「作り出す」ことはできないが、実験者によって与えられた語を「使う」ことはできるチンパンジーにとっては、自然な実験といえる。

この実験を改変したものを、ピオニーとエリザベスについておこなった。彼らは、生成と理解について、それぞれ独立した、少数のレキシグラムを教えられた。理解の場合には、いくつかの物の中からひとつを選ぶよう指示され、生成の場合には、特定のものを要求するのに（提示されたいくつかの語の中から）正しい語を選択するよう指示されたのだ。たとえば理解のテストでは、「ボール」の語がライティング・ボードに置かれると、チンパンジーは、一緒に提示されている他のものでなく、ボールを選ばなくてはならない。生成のテストでは、実物のリンゴといくつかの語とが提示される。リンゴを手に入れるには、「リンゴ」の語をボードに置かなくてはならないのだ。二頭のチンパンジーは、理解と生成それぞれについて一〇かそれ以上の語を教えられ、すべての語の正答率が約八〇％以上の基準値に達するまで訓練された。その後、レキシグラムを入れ替える転移テストをおこなった。トレーナーに対して物を要求するためにチンパンジーがボードに置いていた語が、今度はトレーナーによってボードに置かれ、チンパンジーが選ぶべき物を示すことになったのだ。逆に、チンパンジーにとって（物を選択する際の手がかりとして）**見せられる**だけだった語は、そこにある物を要求する手段として使うように与えられたのだ。語が対象と結びつくことと、対象が語と結びつくこととの違いは、非常に小さいように思えた。

生成と理解との違いなんて小さなもの、と考えていた我々は、チンパンジー二頭ともが、どちらの方向の転移テストでも、試行のたびに間違うのをみて驚くことになった。どちらのチンパンジーも、たとえば「バナナ」、「メロン」、「ナシ」といった語を何百試行にもわたって正しくつづってきたにもかかわらず、同じ語がボードの上に置かれているのに出くわすと、偶然に近い程度の反応しかしなかった。ピオニーの誤答は一七七試行中七四、エリザベスの誤答は二九二試行中一二〇、それぞれ五八％、五九％の正答であった（Premack, 1976, p. 122）。間違い方はまったく均整のとれたものだった。「ボール」、「鍵」、「粘土」といった、理解の際には何百試行も正しく反応してきた語を使って要求をおこなうように求めても、チンパンジーたちの反応はほとんどチャンス・レベルに近かったのだ。

このような最初の間違いに劣らず驚かされたのは、チンパンジーたちのその後の成功だった。これまで述べてきたような入れ替えを五、六回繰り返すうちに、ふたつのシステムはひとつになったのだ。この変化は単なる成績の向上、すなわちあるモードから別のモードへの転移の程度の変化によるものでなく、完璧で非の打ちどころのない転移によるものだったのだ！　その時以来、ピオニーでもエリザベスでも、理解あるいは生成について教えた新たな語彙はもう一方のモードに完全に転移するようになった。これは類人猿だけの特性だろうか。それとも言語習得初期の者には共通してみられる特性なのだろうか。ヒトの子どもを直接テストしてはっきりした答えを得ることはできないが、ブルームの観察が示唆しているのは、話している言語と聴いている言語とが分離している初期の段階というものが健常な子どもにもある、ということだ。これらふたつのシステムをひとつにするために子どもたちが話したり聞いたりする必要のある語が、こんなにも少数でありうるというのは、驚くべきことだ。

語の外的機能――情報検索

かつては、言語の際立った特性をもっともよくあらわすのは転置以上にはないと考えられていた（Hockett, 1959 参照）。言語は、転置機能を持つからこそ賛美され、ハートフォードで腰掛けながら過去や未来（あるいはマイアミやフィレンツェ）について語ることを可能にするからこそ賞賛されてきたのだ。さらに言えば、ヒトと他の動物とを分けるのは主に転置機能だった。動物は刺激にしばられ、「今、ここ」という眼前の現実に貼り付けられていた。

しかし、現在とは異なる時間や場所を扱うことを可能にするという名誉のすべてを、言語に与えてしまうのは誤りだ。転置を可能にしているのは言語そのものではなく、心の、もっと基礎的な属性なのだ。心にそれぞれの「世界の表象」を持つことができる生物はみな、「今、ここ」から逃れることのできる潜在的な候補者だ。もしもツグミが自分の巣の表象を心に持てるなら、ツグミが動き回るのに巣がついてゆくことになるだろう。つがい相手の表象を記憶しているなら、離れた牧草地の地面からミミズを引きずり出しながら、つれ合いのことを考えたりするかもしれない。ツグミが、「今、この瞬間」という束縛から逃れるのに言語は必要ない。つがい相手の胸の飾り毛がいかに赤いかを他のツグミに伝えて他者と心的表象を共有するには、たしかに言語が必要だ。言語があれば、考えたり、表象をより明確にしたりするにも役立つだろうし、つがい相手や巣、きょうだいや子孫の表象をよりはっきりと引き出すこともできるだろう。しかし、こういった転置を可能にしているのはまず第一に心的表象であって、言語ではない。

チンパンジーのプラスチック語で、彼らの心的表象を引き出すことができるだろうか。チンパンジーが自分の巣（ベッド。多くの鳥と同様、樹上に作られる）についての心的表象を備えていて、「巣」というプラスチック語を教えられたとしたら、巣についてどの程度のことがその単語「巣」によって引き出せるだろう。とはいえ、この問いは時期尚早だ。まず問うべきなのは、「類人猿の心的表象は実際にどの程度なのか、情報の保持はどうなっているのか」なのだ。類人猿のもつ表象は、知覚される情報をすべて保持するのか、それとも、ある程度の情報を失ってしまったものなのだろうか。表象の仕方は、領域によって異なるのだろうか。したがって、情報検索装置としてのプラスチック語の実効性は、ふた通りの問いを導くことになる。ひとつめは、チンパンジーの心的表象は（それぞれの領域で）どの程度の実効性をもつか。ふたつめは、チンパンジーが、保持されている情報のどの程度をプラスチック語によって引き出せるかということだ。

ひとつめの問いを解くために、チンパンジーがいつも食べている食物のうち果物に関する詳細なテストをおこなった。果物を素材にしたのは、「心的表象の質が領域ごとに本当に異なるなら、チンパンジーは大好きなものをないがしろにしたりせずにはっきりと（あるいはかれらのできる範囲で）心に描いているだろう」と考えたためだ。我々は、チンパンジーが日頃食べている果物のうち八種類を特徴と構成要素に分解した。「切片」・「果柄」・「皮」・「種」・白で描いた「輪郭」・「色」を示すパッチ・そして視覚によらない手がかりとなる「味」だ。四個体のチンパンジー——サラ、エリザベス、ピオニー、そしてアフリカ生まれのオスのウォルナット――に見本合わせのテストをおこない、ある果物の特徴のひとつをその果物の別の特徴と組み合わせる、つまり、ある物が持っている様々な特徴を統合することを求めた。たとえば、モモを食べさせた後に、赤と黄色のパッチから選択をさせるとか、リンゴの線画を見せた後に、リンゴと洋ナシの果柄から選択をさせる、モモの種を見せた後にモモとバナナの皮から選択させる、等々。このようなテストを二四種類ほどおこなったが、ロジックはすべて同じだった。あるアイテムについて知っていれば知っているほど、それを識別するのは簡単になるだろう、つまり、あなたの家族の写真をバラバラに刻んでみれば、同じ人物の断片（あなたの連れ合いの小指と耳、目、鼻、髪、など）を一致させることで素晴らしい心的表象能力を証明できるだろう、ということだ。

チンパンジーたちはどの個体も、うまく課題をこなした。特に、サラの結果は印象的だった。すべての手がかりを正しく使えたのだ。他の三個体は、全体的には正確に反応したが、課題によって結果にばらつきが見られた。

かれらに関しては、いくつかの手がかり間での情報価の違いを順序づけることができた。驚くべきことではないが、果物の「全体像」が持つ情報価が最も高かった（つまり、最も多くの部分的手がかりを、「全体像」に対して選択することができた）。

しかし、「色」や「皮」という手がかりも同様に有効だった。チンパンジーは、果物の「全体像」に対するのとほとんど同様に、果物の「色」を示すパッチに対しても、「種」や「果柄」、「輪郭」や「切片」を選択することができた。「味」はそれほど情報価が高くなく、「かたち」、「切片」、

「果柄」の結びつきがそれに続いた。さらに続くのが「種」で、最も情報価の低い手がかりであった。もっともこのような差違は、主要な発見の内容を揺るがすものではない。チンパンジー（特にサラは、しかし他のチンパンジーも）は、果物などのアイテムに関する詳細な表象を保持することができるのだ（Premack & Premack, 1983）。

ということはチンパンジーには、そこに存在しないものについて考えをめぐらせることができているはずだ。もちろんチンパンジーにとっては、たとえば果物に関する考えが唐突に頭をよぎるよりも、その果物の名前によってしっかりと想起される方が、効果的にことがはこぶだろう。プラスチック語が、チンパンジーにとってこのような効果を持つのではないかということは、これまでにも示唆されてきた。その一例は、サラへの言語訓練を始めたばかりの段階で起こったことだ。サラは最初から、実物がそこに**なくても**、自分が好きな果物を要求するのにプラスチック語を使うことができた（Premack, 1971）。また、「チョコレートの茶色」という教示をもとに、実物のチョコレートやその他の茶色い物体がその場にない状況下でも、「茶色」という語を学習することができたのだ（Premack, 1976, p. 202）。こういった事例をみれば、プラスチック語が心的表象を引き出し、チンパンジーが手近にない果物について考えをめぐらせることを可能にしているのはすでにあきらかなようだ。

我々はさらに、選択肢を果物の「部分」から「プラスチック語の名前」に置きかえて先に述べた一連の記憶実験をやり直し、より明確な証拠を得た。チンパンジーは、たとえばモモの「味」を見本刺激として与えられ、選択肢としてプラスチック語の「モモ」と「リンゴ」が提示される。または、白で描いたバナナの「輪郭」が提示された後にプラスチック語の「バナナ」と「オレンジ」が、あるいは、黄色のパッチが提示された後にプラスチック語の「レモン」と「ブドウ」が、という具合だ。

では、プラスチック語はどの程度有効だったのだろうか。選択肢がプラスチック語で構成された場合の正答率と、物理的な特徴で構成された場合の正答率とを比較することで、この問いに答えることができる。この比較はサラについては有効でなかったが（彼女は語と物理的特徴とのどちらについても、完璧に回答できてしまったので）、他の三頭のチンパンジーについては有効だった。かれらについては、刺激の特徴ごとに正答率が異なったので、果物の情報価の高さを部分ごとに順序付けることができた。たとえば三頭とも、もっとも有効な物理的手がかりは「色」だった。「色」が選択肢になる条件では、他のどの部分が選択肢になる場合よりも誤答が少なかったのだ。しかし、誤答がさらに少なかったのは、果物の「名前」が選択肢になる条件だった。かれらにとって、プラスチック語は果物の物理的属性よりも役に立ったのだ。事実、三頭のチンパンジーとも、果物の物理的属性と果物の名前とを結びつけることが、果物の物理的属性と実物の果物とを結びつけるのと同じくらい、うまくできていた。この結果は、最初に我々が提出したふたつの問いへの答えを示唆してくれる。第一に、チンパンジーの（少なくとも果物に関する）心的表象に蓄えられた情報は、知覚的な情報を保持している。そうでなければ、名前の場合よりも実物の果物の場合で成績が良かったはずだ。第二に、プラスチック語は、情報検索に非常に効果的な装置なのだ。

チンパンジーの心に保持されているものは？

ヒトにとって、語は、情報検索だけに用いられるものではない。おそらくは、保持されている情報の一部でもある。チンパンジーでも同じことが言えるだろうか。語（そして文）は、チンパンジーに（プラスチック語を張り付ける）ボードを置かせ、チンパンジーの心に入り込んで、保持された情報が教えられた「言語」で成り立つようにしているのだろうか。核心となるこの問いは——心的な事象と行動との関係が単純だったりストレートだったりするためしがないので——扱いにくいものだが、難問であるだけで、お手上げというわけではない。

この問いに対する古典的なアプローチでは、課題で使用されるアイテムの名前を教えることで当該課題の遂行が促進されるかどうかを検討している。たとえば子どもは、（短い遅延時間の後に）名前を教えられた物体の方を、そうでない物体よりもうまく同定できるだろうか。できるらしい、という示唆は得られているが（Spiker, 1956）、どうやったらそれが証明可能だろうか。この結果を、チンパンジーで追認できたとしよう。しかしそれが、「プラスチック語がチンパンジーの心に保持されている情報の一部になった」ことの確証になりうるだろうか。

私にはそうは思えない。というのも、このような効果は短期記憶の一種であって、情報検索装置としての語の利用ですでに示されている以上のことではないからだ。大きく見れば、このテストは被験者に、最初のテスト——（表象を検索するために名前を用いるのではなく）知覚的特徴や表象を用いてその物体の名前を検索することをもとめる——とは反対のことをやらせている。全体の流れとしては、「名前の付けられた物体を見せられた被験者はその名前を思い浮かべ、遅延時間中、名前を使ってリハーサルをする」ということだろう。ヒトの子は単に、言語が音声的だから有利なのかもしれない。音声にかかわる現象は、視覚イメージよりも自発的コントロールをおこないやすいだろう。そうだとするとチンパンジーにとっては、語も対象も視覚的なものなので、「名前によって物体の同定が促進される」というヒトと同様の結果は期待できない。

おそらくチンパンジーにも表象の様式についての好みがあるだろう。ある種のアイテムによる保持方法が、別のアイテムによるよりも簡単だと分かれば、物体が提示された時に、語に変換するかもしれない（または語を物体に変換するかもしれない）。あるいは、チンパンジーには本来この種の非対称性が存在しなかったとしても、以下のようなやり方で誘発することが可能かもしれない。かれらに、外見は非常によく似ているけれども名前はまったく異なる物体間の弁別や、反対に、外見は非常に異なるけれども名前は非常によく似ている物体間の弁別をやらせてみるのだ。このような場合チンパンジーは、名前にせよ実物にせよ、より弁別しやすいセットを保持するかもしれない。これらの問題は現在のところ、検証するためのデザインは簡単に示せるにもかかわらず、まだ解答が得られていない問題だ。お決まりの退屈な実験に汲々とするくらいなら、答えを急いだ方がよさそうなものなのだが。

言語学習はチンパンジーの思考方法を変えるのだろうか。言語訓練は実際のところ効果をもたらしており、チンパンジーは言語訓練を受けない場合よりも、より複雑な問題を解決できるようになっているようだ。たとえば、どんなチンパンジーでも、半分にしたリンゴと半分にしたリンゴとをマッチさせることはできる。しかし、半分にしたリンゴとシリンダー半分の水とをマッチさせることができるのは、言語訓練を受けたチンパンジーだけだ（Woodruff & Premack, 1981）。同様に、どんなチンパンジーでもXにX（Yではなく）をマッチさせることはできるが、XXにYY（PQではなく）、PQにXY（LLではなく）をマッチさせることができるのは、言語訓練を受けたチンパンジーだけなのだ（Premack, 1983）。このように、言語訓練によって、類人猿は物理的な類似性を越え、より概念的な基盤に立って等価性を計算できるようになるようだ。しかし、これはあくまでも、たまたまおこなうことができた比較から示唆されているにすぎない。我々は、確固たる結論を導くために、現在おこなっている実験——言語訓練を受けたチンパンジーと受けていないチンパンジーとの群間比較——の結果を待っているところだ（Premack, 1983）。

もともとの問いに戻ろう。類人猿に言語訓練をおこなうことによって、かれらの心的表象の形態あるいは内容は変化するだろうか。このとらえどころのない問いに答えるために、ヒトの子どもと言語訓練を受けたチンパンジーとに、特殊な形式の見本合わせ課題をおこなってみた。この課題では、対象となる物体本来の特徴がゆがめられたり、隠されたりしている。こんなふうにカモフラージュされた物体を被験者はうまく認識できた。このことは、物体が心の中でどのように表象されているかを推定する基盤となったのだ。

まずひとつめのテストでは、果物を白く塗って本来の色をわからなくした上で、見本刺激が色のパッチ、選択肢が果物ふたつという見本合わせをおこなった（たとえば、赤いパッチが見本刺激となり、白いリンゴと白いバナナとが選択肢になった）。このテストに参加した言語訓練を受けたチンパンジー三個体は、チャンス・レベルをはるかに越えた、約八〇％の成績を示した（Premack, 1976, p. 307）。次のステップとして、白く塗っていたのを青色に変え、同じテストをおこなった（つまり今度は、リンゴもバナナも青いということだ）。すると、平均正答率は六五％にまで低下した。最後の第三ステップでは、現実にはあり得ない色として、一方の果物を青色、もう一方をオレンジ色に塗ってみたところ、チンパンジー三個体とも、正答率はチャンス・レベルにまで低下した（Premack, 未公刊データ）。

どうしてチンパンジーたちは、白塗りの果物ではうまく正解することができたのに青塗りでは成績が下がり、二色で塗り分けた時には全く正解できなくなったのだろう。彼らがもつ果物の表象に、その答えのカギがあるかもしれない。仮に、チンパンジーが持つ果物の表象が厳密に図像的なもので、論証的な要素をまったく持たないとしてみよう。そうすると、表象の使用に限界が生じることになるのかもしれない。チンパンジーは白を**知覚**すると同時に塗られた果物本来の色を「想像」できるが、ふたつの異なる色を知覚しながらではそれができないのかもしれない、ということだ。白以外の色を知覚することは、実際に、システムをひずませているのだ。

（ある特定の）知覚が対象を想像したり図像化したりすることに干渉するという仮説は、正論ではあるけれど、そのままではあまりに単純すぎる。色の違う物体を想像するのが妨げられるのは、実際に知覚されている他の色が**何色あるか**によってではない。チンパンジーだって、少なくとも他の二色を知覚しながら、ある別の色を想像することくらいできる。先ほど（情報検索のところで）すでに触れたが、二色の色を知覚していることが、チンパンジーが第三の色を選択する際にまったく干渉を及ぼさないという事例もある。見本刺激が色のパッチで、選択肢が色を塗った実物の果物ではなく、果物の**名前**であるような場合だ。果物の「名前」には、形も色も備わっている。リンゴの名前は（三角の）青色だし、バナナは（四角い）ピンク色、等々だ。それでもチンパンジーには、リンゴという（青色の）語を赤いパッチにマッチさせることが簡単にできたのだ。サラ、ピオニー、エリザベス、そして、数語しか覚えていないウォルナットでさえも、非常によくできた。四個体の合計で、五二試行中誤答は四試行だけだった（Premack, 1976, pp. 306-307）。にもかかわらず、（青く塗った）本物のリンゴを赤いパッチにマッチさせるのは、彼らには非常に困難だったのだ。青色をした語は（赤い）リンゴを想起するのに非常に役立ったが、青く塗られたリンゴはそうではなかった。青色をしたリンゴはリンゴと認識されないのか（とてもありそうにもないが）、青色をしたリンゴを知覚することによって（青色をした語ではそのようなことはまったく生じないにもかかわらず）赤いリンゴを想像することが妨げられるのか、どちらかなのだ。

語を、呼称ではなくモノと考えるなら、知覚が想像にたいして不利に働くことが、語についてもあるかも知れない。たとえば、ゆがめられた語（オレンジ色をした三角や緑色をした四角）を知覚することによって本来の語（青色をした三角やピンク色をした四角）を想像することが妨げられるかも知れないのだ。この推測は以下のようにして検証できる。青いパッチ（リンゴという語の本来の色）を見本刺激にして、選択刺激をリンゴとバナナそれぞれの語にする。ただし、前者を青色でなくオレンジ色に、後者をピンク色でなく緑色に塗るのだ。テストではチンパンジーは、リンゴという語の本来の色である青に対して、オレンジ色に塗られた三角を選択しなくてはならない。つまり、オレンジ色をした三角（つまりゆがめられたもの）を知覚しながら青色をした三角（リンゴの呼称）を想像しなくてはならないのだ。これはたとえば、青色に塗られたリンゴを見ながら赤いリンゴを想像しなくてはならないのと同様に難しく、パフォーマンスが阻害されることになるかも知れない。

この例と対照的なのが、見本刺激が赤で選択刺激は先ほどと同じ（それぞれオレンジ色と緑色に塗られた「リンゴ」と「バナナ」の語）のような場合だ。チンパンジーは、今度は指示物の属性と（リンゴを示す）ゆがめられた語とをマッチさせなくてはならない。前者のテストでは、本来の語の属性とゆがめられた語とをマッチさせなくてはならなかった。ゆがめられた語を知覚しながら本来の語を想像しなくてはならないのは前者のテストでのみ。つまり、前者のテストは難しく、パフォーマンスが阻害されることになるはずだ。後者のテストでは（色をまったく無視して）かたちと大きさだけにもとづいても語を認識できるため、他のものを想像しなくてすむ。

チンパンジーは青色をした語を見ながら赤いリンゴだと「理解する」ことができるが、青色をしたリンゴを見ながら赤いリンゴだと「理解する」ことはどうもできない（あるいは、後者にかかるコストの方が前者よりもはるかに大きい）らしい。ゆがめられた対象を知覚することによって、本来の対象を想像することが阻害される。しかし、対象の呼称――少なく見積もっても、ゆがめられた対象と同程度には、実物と異なったものであるにもかかわらず――を知覚することは、対象を想像することを阻害しないのだ。

では、阻害が起こるきっかけとなる条件は何なのだろうか。我々が接した、阻害のあきらかな事例はこれまでのところ、同一の対象を巡ってのもの（たとえば、ゆがめられたリンゴが、実物のリンゴを想像することに及ぼす影響）に限られている。我々は、語についても同様な結果が得られると思っていたのだ。ということは、我々は「阻害作用は局所的な現象で、知覚され想像されるのが同一のアイテムであるときに限られる」と結論づけた方がよいのだろうか。ではどうして、対象物とその名前は阻害を受けないのだろう。単に、語と対象とは物理的に大きく異なっているからなのか、あるいは、こちらの方が興味深いが、両者が別々のカテゴリーに属していて、独立に処理されるからだろうか。阻害作用は、アイテムの同一性のみによって起こる局所的な現象なのか、あるいはもっと広範囲に見られる現象で、ある対象（たとえばライオン）を知覚することが、他の対象（トラ）を想像する邪魔になるのだろうか（あるいは同様に、ある語「ライオン」を知覚することが「トラ」という語を想像する邪魔になるのだろうか）。

知覚的な干渉さえなければ、チンパンジーはアイテムを正確に想像し、そのイメージを有効に利用することができるはずだ。このような能力は、白く塗った果物を選択刺激対（白く塗った条件では阻害は起こらない）、色の名前を見本刺激としてチンパンジーに提示した見本合わせ課題によっても示されている。たとえばあるテストでは、選択刺激は白く塗られたレモンとサクランボ、見本刺激は「黄色」の名前だった。プラスチックの色名それぞれには色は塗られていなかった——どれも灰色だが色調が異なっており、形とサイズも異なっていた。チンパンジーはレモンの色と、「黄色」と名付けられた小さな灰色のプラスチック語に結びつけられた色とを心に描き、これらふたつの内的表象同士をマッチさせなくてはならなかった（白く塗られたレモンに対して「黄色」の色名を選択する場合、黄色そのものはそこにないことを心に留めていただきたい）。サラ、ピオニー、エリザベス、三個体のチンパンジーとも、与えられたテストを難なくこなした。白く塗られた果物が選択刺激対の場合、見本刺激が実際の色を塗ったパッチであっても色名を示す語であっても、彼らは同様に高い成績を示したのだ（Premack, 1976, p. 307）。

我々が発見したと思われる阻害作用は、さまざまな種（あるいはさまざまな発達段階にある子ども）の心的表象を相互比較する手段となりうるかも知れない。ある種は、別の種よりも阻害作用を受けやすいかも知れないのだ。しかしそれは必ずしも、知覚が想像に及ぼす影響が、ある種において別の種よりも強いためだとはいえない。逆に、阻害効果そのものが異なる二種間で等しくても、阻害効果による損失が、一方の種にとって他方よりもはるかに大きいのかも知れない。損失は、心的表象のありかたによって変わるはずだ。内的表象がもっぱら図像的な種では、正確な想像ができないのはとんでもないことだろうが、内的表象がもっぱら論証的な種では、想像が阻害されたからといってたいしたことはなさそうだ。

この考えが正しければ、ヒトを対象に、チンパンジーを対象におこなってきた「ゆがんだ果物のテスト」を施行すると、まったく異なる結果が出るはずだ。ヒトの持つ表象は図像的でもあり論証的でもあるので、ある色を知覚しながら別の色を想像する必要がない。語や文を利用することもできるのだ。たとえばヒトには、青く塗られたリンゴの本来の色が「赤」であることを叙述して、「リンゴは小さな赤い果物」という、リンゴの論証的表象の一部とマッチさせることもできる。この解釈を検証するために、年少・年長の二群の子どもを、チンパンジーでおこなったのとほぼ同じ方法でテストした。

ヒトの子どもをテストする際には、果物を使うことはあきらめざるをえなかった。というのも予備研究から、子どもは果物と色との間につねに一定の関係があるようには見ていないことがわかったからだ。研究施設で暮らすチンパンジーにとっては、リンゴはいつも赤いものだ（しかし、ヒトの子どもにとっては、リンゴは黄色でも緑色でもある）。セサミ・ストリートのキャラクター三つにサンタクロースを加えた四体の人形で、この問題を乗り越えることにした。子どもにとってこれらの人形は、チンパンジーにとっての果物と同じくらい、つねに一定の色のものだ。最初のテストでは人形を四体とも白く塗り、次のテストでは四体ともピンク色に、三つめのテストでは二体をピンク色に、もう二体をオレンジ色に塗った（果物と人形とでは個々のアイテム本来の色が異なるため、やむをえず、チンパンジーのテストとは異なる色を使った）。カラーパッチ（2×4インチのカード）を見本刺激、色を塗った人形四体のうち二体を選択刺激対として、子どもたちは、チンパンジーが受けたのと同じ手続きでテストを受けた。可能なすべての組み合わせがテストされ、各組み合わせについて三試行ずつおこなわれた。左右や組み合わせの出現順序は、一セッション一二試行の中で可能な限りカウンターバランスをとった。

平均四歳六ヶ月の子ども一〇人は、最初に白、次にピンク色、最後にピンク色とオレンジ色の人形で、計三セッションのテストを受けた。白い人形のテストでは、一〇人中七人が通過した（一二問中一一正解以上）。さらにこの七人のうち、他のテストに通過しなかったのはたったひとりであった（彼は、ピンク一色でのテストも、二色でのテストも通過しなかった）。つまり、ひとりの例外をのぞいて、チンパンジーに阻害効果をおよぼしたような変更を加えても、つまり、アイテムを白からそれ以外の色へ、さらには二色にしても、子どもにとってはなんの影響もなかったのだ。子どもたちは、テストを完ぺきに通過するか、まったくできないか、どちらかであった。

もっと年少の子ども八人（平均三歳一ヶ月）にも、まったく同じテストをおこなった。すると八人とも、色を使ったテストはおろか白い人形を使ったテストさえ、どのテストも通過できなかった。この子どもたちがうまくできなかったのは、サンタクロースやセサミ・ストリートのキャラクターへの親近性が低く、人形の心的表象がうまく形成できなかったため、あるいは（他の色を塗られたのはともかくとしても）白く塗られただけでなんの人形か認識できなくなったためなのだろうか。テストをすべて終えたあとで子どもへのインタビューをおこなうことで、これらの問いに答えを出そうと考えた。まず、白く塗った人形の名前を尋ねたところ、どの子どもも正しく答えることができた。そこで、彼らに人形の本来の色を尋ねてみた。子どもひとりひとりに、白く塗った人形をひとつずつ見せ、本来の色を答えるように求めたが、四種の色をすべて正しく答えられたのはひとりだけだった。次におこなった認識テストも、事態を打開してはくれなかった。白く塗られた人形二体のうち一方の本来の色を口頭で言っても、当てはまる人形を指さすことはやはりできなかった。子どもたちの間違いかたは完ぺき――八人中四人ではまったく正解なし――、あるいはそれに近いものだった。

このように、子どもたちの振る舞いはチンパンジーのものと大きく異なっていた。課題が全くこなせないか――年少の全員と年長の三〇％がこれにあたる――すべてのテストを通過できるか（例外は一例あったが）のどちらかなのだ。子どもたちの成績は（チンパンジーと違って）白以外の色を使用したからといって悪くなったり、二色にしたからといってさらに低下したりはしなかった。しかし、年少の子どもが、ひとりも白い人形のテストを通過できなかった一方で、チンパンジーが白い果物のテストを通過できたのはなぜなのだろうか（年少の子どもたちは白い人形の名前は答えられたが、本来の色を思い出したり再認したりはできなかったのだ）。これはおそらく識別の際に、果物では色が重要な特徴であるのに対して、人形ではそうでないためにすぎないだろう。チンパンジーとヒトの子どもとの比較をきちんとおこなうには、どちらの種にも使える共通したアイテムのセットを探し出さなくてはならないようだ。

先ほどとまったく同じだが、色を形に変えたテストをもうひとつ準備してみた。色はある意味で特殊な特徴であるため、我々の得た結果がどこまで一般性をもつのかを知りたかったのだ。他の特徴でも同じ結果が得られるだろうか。色の特殊な点とは、たとえば、対象本来の色を単に隠すことができない、つまり、変えることしかできない点だ。たとえば、リンゴの色を隠すとしても、白か他の色に塗り変えることしかできない。こういう制約は、形にはない。リンゴの形を隠すには、ふたつ方法がある。かたちそのものを変える、たとえば、四角いリンゴをつくるか（青く塗るようなものだ）、あるいは、小窓のついた箱に入れるかだ。ちょうどよい小窓をつくれば、形を隠したままで、リンゴの一部だけをはっきりと見せることが可能になる。

四種類の果物――リンゴ・バナナ、ナシ、オレンジ――を用い、それぞれを、上面に小窓が開いたまったく同じ白い小箱（2×3.5×2.5インチ）に入れ、提示した。これまでと同様、テスト試行は見本刺激ひとつと選択刺激ふたつで構成されていたが、今回の見本刺激は果物の形（白い紙を切り抜いたもの）であり、選択刺激は、小窓つきの白い小箱に入った果物であった。考えられることとして、果物の形を想起する子どもの能力は、彼／彼女が果物を覗く際の小窓の形に影響を受けるかも知れない。この可能性を検証するため、最初のテストでは小窓の形はすべて同じ形（円形）に、つづくテストでは形を二種類（四角形と三角形）にした。箱入りの果物四つからふたつを選ぶ、可能な組み合わせすべてについて、三試行ずつおこなった。左右や組み合わせの出現順序は、一セッション一二試行の中で可能な限りカウンターバランスをとった。

年少の子どもで課題を通過したのは三人だけだったが、年長群では一〇人全員が課題を通過した。小窓の形による影響は見られなかった。実際のところ年少・年長群とも、「二種類の小窓」条件の方が「一種類の小窓」条件よりも成績がわずかに高く、これは練習効果によるものと考えられた。テストのパラダイムがまったく同一なので、「形のテストを通過したことで、色のテストも通過できるようになるのではないか」と考える人もいるだろう。しかし、そのような兆候はなかった。形のテストを通過した年少児三人のうちふたりが、形のテストの後で色のテストを受ける群にたまたま入っていた。しかしこの子どもたちも、他の年少児と同様、色のテストを通過できなかったのだ。

特徴がたんに隠されている（形のテストのように）のではなくて、特徴が「ゆがめられている」ときの方が、本来の特徴を想起することが困難であるため、おそらく、色のテストの方が形のテストよりもむずかしいようだ。今回の結果からでは結論を導くことはできないが、**四角いリンゴ**と**小窓から覗いたリンゴ**のように、同一の特徴をつかって「ゆがめること」と「隠すこと」とを対比する必要はありそうだ。

言語訓練を受けていないチンパンジーをテストしても、言語訓練を受けたチンパンジーほどの成績はあげられないだろう。ヒトの年少児と同じように、選択刺激対がそれぞれ塗り分けられている条件ばかりか、同じ色で塗られていたり、どちらも白かったりする条件でも、課題を通過できないだろう。訓練を受けたチンパンジーが受けないチンパンジーよりも高い成績をあげたとしたら、チンパンジーの心的表象能力は言語訓練によって高められるとみなすことができる。しかし実際には、言語訓練を受けたチンパンジーのパフォーマンスは、ヒトの年長児のものと比較して、そのような優位性をしめしてはいない。対照的に、ヒトの子どもとチンパンジーとの比較から示唆されるのは、チンパンジーに論証的能力がもともと欠けていようがいまいが、人工言語を獲得したからといって彼らに欠けている能力が修正されたりはしない、いうことだ。チンパンジーの心に入り込み、ヒトの年少児と同じレベルでテストをこなせるような表象システムをつくりあげることは、言語にはどうもできないようだ。類人猿がうまくこなせたことと考えあわせると、できなかったこともまた、あらたな興味深い問題となりそうだ。

表象テストをこなせなかったにもかかわらず、チンパンジーたちは叙述をおこなったり叙述内容を判断したりすることができた。条件と条件の論証的（プラスチック語の）表象との対応を判断することもできた。つまりチンパンジーは、自分自身が叙述したか他者が叙述したかにかかわらず、**外部**の論証的表象を利用することができたのだ。たとえば、プラスチック語の「文」とこれらの「文」が叙述している条件とをうまく対応付けることができた。しかしチンパンジーには「自分の頭の中にある『文』を叙述する」ことはできなかった——内在する論証的な表象を自発的に生成することはできなかったのだ。

このような結果を組み合わせていくとどうしても、チンパンジーに教えて「ゆがんだモノ」に対応する論証的な（プラスチック語の）表象を叙述させ、図像的な表象に頼る必要を完全に排除してみたくなる。たとえば、紫色のリンゴと青色のバナナを選択刺激に、赤いパッチを見本刺激にする。その上で、選択をおこなう前にまず「リンゴ」「バナナ」の名前を示すプラスチック語をゆがめられた果物の横に置くように、チンパンジーを訓練するのだ。このような訓練によって、他のやり方では通過できなかったテストをチンパンジーが通過できたとすれば、「チンパンジーは、頭の**中**ではできないことも頭の**外**でならできる」ということを示す、あらたな証拠が得られるだろう。

語の使用を語の意味と混同しないことについて

ここであきらかにしてきたような、語に備わった特定の属性（心的表象および情報検索）と、語の使用（これは認知一般に関わる）とを混同してはならない。このたぐいの混同は、ランボウ夫妻の研究（Savage-Rumbaugh & Rumbaugh, 1978）にも見られる。自動の給餌用ディスペンサーに連動したキーボードを操作するよう訓練された四個体の幼いチンパンジーは、キャンディ・ディスペンサーが空になった後もずっと、チョコレートキャンディを送り出してくれるはずのキーを押し続けた。ランボウ夫妻はこれが、チンパンジーにとってキーが「真の語」（文脈から独立したシンボル）ではなく「儀式的に連合された運動パターン」に過ぎないことの証拠だと結論づけたのだ（同書、p. 266）。夫妻が請け合うには、ヒトは、ディスペンサーが空になったら、もうキャンディのキーを押し続けたりはしないらしい。キャンディほど好きではない食物を送り出すキーに切り替えるだろう（そうすれば、「真の語」を備えていると言える）というのだ。

ランボウ夫妻の研究から導かれる、結論に値することはたったひとつ、「真の語」とも「運動パターン」とも関係のない、もっと単純なことだ。チンパンジーたちはディスペンサーの作動とキーを押すこととに因果関係があることを理解していなかったのだ。実際には、チンパンジーたちはそのうち、キャンディのキーだけを押すのをやめて、他のキーに切り替えた。しかし、ディスペンサーが空だと理解したために切り替えがおこったという証拠はどこにもない。ハトだって、何度も失敗を重ねれば、同じキーを押し続けるのをやめて他のキーに切り替えることを学習する。ハトか三歳のチンパンジーのどちらか一方だけがキーとディスペンサーとの因果関係を理解して反応しているのだ、と主張するのは無理がある。

議論のたたき台として、チンパンジーとハトがどちらも、キーとディスペンサーとの因果関係を学習したとしよう。そのような洞察さえ成り立てば、キーが語として確立されるようになるだろうか。または、たとえば「『クッキー』と言うこと」と「クッキーを（母親から）もらえること」との因果関係を理解しないかぎり、「クッキー」と言える子どもも「真の語」を使っていないことになるだろうか。大まかにいって、子どもが発する「クッキー」という語がそれらしく聞こえるには、他のなにかではなくまさにクッキーが欲しいときに「クッキー」と言う必要がある。しかし、「クッキー」の発声が意味を持つためのさまざまな因果関係を、子どもが理解している必要はないのだ。「クッキーを欲しがっている子どもは、母親がそばにいるときにだけ『クッキー』と言うのか、それとも母親がいなくても言うのだろうか」。「その子のこころには、それぞれの場合ごとに違った希望や期待が抱かれているのだろうか」。こういったことが分かれば言うことがないのは確かだ。これが分かれば、適切な文脈において語を効果的に使用することを子どもが理解しているかどうかがあきらかになる。この種の理解はメタ認知として知られており、ヒトの子どもでは比較的ゆっくりと発達するものだ（Flavell, 1978）。

語を効果的に使用できる条件を把握する（すなわちコミュニケーション）能力は、反応が「語」だと解釈するのに正当な根拠を与える条件を把握する能力とは区別して考えなくてはならない。両者を混同してもろくなことはない。プラスチック語学習の初期段階にある四個体の若いチンパンジーを用いた我々の最近の研究は、両者の違いを際だたせるものだった。訓練過程では、テストをおこなう部屋中に対象物を置き、それぞれの対象物のプラスチック語での名前を、ひとつずつ提示した。それから、チンパンジーに、名前を提示した対象物を見つけて（訓練者のところに）持ってこさせたのだ。約三〇〇試行の後、四個体ともかなりの程度課題をこなせるようになった。この時点で、プローブ試行をいくつか導入することにした。訓練者は、（プラスチック語を貼り付ける）ボードをチンパンジーの真ん前に据えて語を見やすくするのをやめ、一方に傾けて語を見えにくくしたり、場合によってはボードを完全にひっくり返し、語をまったく見えなくしたりした。

四頭のうち三頭は、すぐに隠された語の方へいって、語が見えやすくなるように体をひねった。

そのうち二頭は、ひっくり返されたボードを（訓練者の膝から奪って）つかみ、語が見えるようにした。まったく対照的に、四頭めのチンパンジーは隠された語をどうもしなかった。姿勢を変えようともしなかったし、ボードに触れもしなかったのだ。このチンパンジーのプローブ試行での正答率はチャンス・レベルだったが、通常の試行での成績は良かった。実際のところ通常試行での彼女の正答率は八八％だったが、これは他個体と比較しても良いほうで、同点で首位を分け合っていた。

三頭には真のシンボルが備わっていて、四頭めには「儀式的に条件付けられた運動パターン」しかない、と言っていいのだろうか。この結果から得られるのは、語の、シンボルとしてのありようの違いというよりは、騒がしい部屋でヒトの子どもに話しかけるときに我々が学ぶであろうことに近いものだ。子どもは、よく聴こうとして話し手のほうに寄ってくるだろうか。相手によく聞こえるように、声を大きくしたりするだろうか。聞き手の顔を覗き込んだりするだろうか。聞き手の顔に思ったような表情が浮かばなかったら、その表情が浮かぶまで同じことばを繰り返すだろうか。それとも、（語がよく見えるように戻そうとはまったくせずに、正解が分かろうはずもない対象物をやみくもにさがそうとする、幼いチンパンジーと同様に）まわりの状況にはまったくお構いなしで話すだろうか。

コミュニケーションが成立する条件をメタ認知的に理解することと、語とみなせるアイテムを利用することとが一体である必要はない。両者を分離するのは難しいことではない。それどころか、個々の能力が相互にどう関わっているのか、一方の発達が他方の発達に依存しているのかどうかを問いたくなるほど、両者は十分に分離可能なのだ。このように直接的な状況においてこそ、意味論と語用論との関係についての有益な研究ができそうにも思える。

非直示的に語を教える

これまでチンパンジーが教えられてきた語はほとんどすべて、直示的に、すなわち、対象を指し示して語と直接関連づけることで教えられたものだった。たとえば、チンパンジーの前にリンゴが一切れ、青い三角形のプラスチック片といっしょに置かれる。チンパンジーがプラスチック片を適切に使用し、ボード上に置けば、リンゴがもらえるのだ。後に「〜の名前」という語を教えれば、「X（未使用のプラスチック片）　〜の名前　Y（知ってはいるがまだ名前のついていない対象物）」という教示によって、すっきりと語を導入できるようになるが、やはり直示性から逃れることはできない。対象物Yは名前となるべきXと一緒に提示されているのだから。名づけられるべきアイテムを指し示すことによらずにチンパンジーが教えられた語は、これまできわめて少数だった。

例外として筆頭に挙げることができるのは、「〜の色」「〜のかたち」といった、属性語を利用した場合だ。属性語を使うことによって、あらたな属性語の事例を非直示的な方法でつくり出すことができる。たとえば我々はサラに「茶色　〜の色　チョコレート」という教示を、チョコレート（および、その他の茶色いもの）がその場にない状況下で与えることによって、「茶色」という語を教えた（「チョコレート」、「〜の色」という語はもちろん、すでにサラが知っているものだった）。その後「取る　茶色」と教示されると、サラは、提示された四色ある対象物のセットから茶色いものを正しく選択したのだ。我々が示せるのがこの事例ただひとつなのは残念だが、チンパンジーが、当該の属性語によって語をいくつでも学習できることを疑う理由はない。もっとも、チンパンジーがこれらの属性語を「発話」してくれても、それほど我々が得るものはない。他の研究からすでに知っていることを確認するだけのことになる。表象と恣意的に結びついたアイテムによって、心的表象を引き出すことがチンパンジーにはできる、ということだ。

非直示的な手続きとしては他にも、明示的な定義をおこなうことと、叙述による定義をおこなうこととのふたつがある。実際に我々は、すでに導入ずみの接続詞「かつ」、「もし〜ならば」と、否定の不変化詞「〜でない」によって明示的な定義をおこなうことで、論理接続詞のひとつ、排他的な「または」に近いものの導入を試みた。しかし、おそらくは技術的な理由によってではあるが、これは失敗に終わった（Premack, 1976, pp. 244-249）。定義に盛り込まれた情報が興味をそそりそうにない、人工的で、マザーグースじみたものだったのだ。「バナナを取るならリンゴを取るな、かつ、リンゴを取るならバナナを取るな、は、バナナまたはリンゴを取れ、と同じ」（要するに、ふたつとも取ってはダメ）。定義に含まれる情報と総合して、こんなメッセージを送れるような環境を整えるべきだった。「ここでの主役はあなたなのだから、ここにある、すごく面白そうなオモチャふたつのうちひとつ、好きな方をとっていいよ。でも、ふたつともはダメ。とっていいのはこれ、または、それだよ」。効果を生むためには、明示的な定義が形式上完ぺきなだけでなく、やる気を起こさせるようなものでなくてはならない。我々が用いた定義は、チンパンジー向きというよりは、コンピューターや大学の二年生あたりに向いていそうなものだったのだ。

一方、アイテムそのものではなく、まだ名前のついていないアイテムを**叙述**してみせることによって語を導入する試みはおこなっておらず、この点は残念に思っている。というのも、この手続きの方が明確な定義を与えるよりも負担が少なく、今から考えればもっとうまくいきそうなものだったからだ。たとえば、マスクメロンを「肌の荒い丸い果物」として導入すればよかった。ここで必要となる二種類の語、属性とカテゴリーはともに、サラが学習したものだったからだ（Premack, 1976, p. 177, 214）。

直示によっても、これまでに述べてきたような三種類の非直示的手続きによっても導入できない、重要な語のクラスがある。「アイディア」という語は、このクラスのよい事例だ。アイディアを叙述することなどもちろんできるわけがないし、辞書的な定義をしようとどんなに頑張っても（チンパンジーはおろか子どもに対しても）効き目はないだろう。このような語を教える方法はひとつしかない。会話の中に現れる範例をとおしてだ。「ジョンにはいいアイディアがある、メアリーのアイディアは大したことがない、ビルにはたくさんアイディアが……。そんなアイディア、どうやって思いついたの？　君のお母さんがそういうアイディアに賛成するとは思えないな」。当該の人や状況のかなり分かりにくい側面について述べた文章であるにもかかわらず、これらをとおして、子どもたちは「アイディア」とは何かを理解できる。どうやって理解できているのか、分かっているふりをするつもりはないが。範例によって得られる情報が特殊なものではないことを考えると、これはたしかに不思議なことだ。「アイディアは人に備わったものであり、その数も、質もさまざまだ」。範例から分かるのは、この程度だ。こんな属性の組み合わせなら、さまざまなアイテムに当てはまることは間違いない。にもかかわらず、範例はうまく作用するのだ。というのも、子どもが発した範例で表面化した勘違いをことごとく修正し、できるだけ、子どもの語の使い方を大人のものに近づけようと骨を折っているときには、子ども自身による「アイディア」という語の使い方、つまり子ども自身が生み出す範例によって、子どもがどの程度前進したかを大人が知ることができ、つぎに繰り出す範例を調整できるようになるからだ。

しかし、範例を取りまとめるだけで、そんなにうまくいくのだろうか。それとも、はっきりした修正をおこなうことがどこかで必要になるのだろうか。そのプロセスは、週単位で計れるようなものなのか、それとも、月単位、年単位なのだろうか。子どもが最初に発する範例は、単に大人の範例をコピーしたものなのだろうか。子どもがはじめて自分自身で発した範例は、まとはずれなものになってしまうのだろうか。この類の語を、大人と同じように使いこなせるようになるまでには、何回くらいの修正過程を経るのだろうか。意味論が成熟する過程は、スムーズなものなのか、それともジグザグの、不規則なものなのだろうか。そして、ヒトの語彙のうちどの程度が、このようなかたちで獲得されるのだろうか。こんな根本的な問題に対して、我々は答えるすべもない。しかし、はっきり言えることがひとつある。こんなやり方で語彙を増やす動物はヒト以外にはいない、ということだ。

負の範例の重要性

我々がチンパンジーに言語を教えようとした最初の目的は、かれらが世界を分節化する単位を見いだしたいというものだった。文を作って尋ねられるはずもないので、また別のアプローチをとる必要があった。チンパンジーにリンゴの名前を教えたいとしよう。最初にやらなくてはならないのは、分類課題か見本合わせ課題を用いて、リンゴとリンゴ以外のものとがチンパンジーに区別できているかを確認することだ。リンゴに当てはまる正の範例と当てはまらない負の範例とをいくつもチンパンジーに提示し、それらを分類させるのだ。どんなものが正の範例になるかは、**リンゴ**という語でなにを期待するか次第だろう。「たしかにどれも『リンゴ』だから」という理由で、あらゆる場合に「リンゴ」という語を当てはめるだろうか。もしそうなら、まだ若かったり、腐りかけていたりといった、ありとあらゆる状態のリンゴをすべて含めなくてはならなくなる。しかし、もっと重要視すべきは、「負の範例としてなにを用いるか」だ。残念ながら、負の範例を生成してくれる機械的な手続きなどないのだが、どんな負の範例を用いるかを選択することは、きわめて重要なことだ。「正の範例をチンパンジーが正しく理解しているかどうか」の判断は、「負の範例についてはどうか」次第なのだから。

たとえば、負の範例がナット、ボルト、クシ、エンピツだったとしてみよう。これでは、チンパンジーが、上に述べたアイテムと「リンゴ」との二群にうまく分類できたとしても、正の範例群がリンゴを表しているとはとても言えそうにない。ここで分類された「リンゴの集まり」はリンゴそのものではなくて「食べられるもの」の集まりかもしれないし、「自然物」の集まりかもしれない。もしかしたらただの「色つきのもの」の集まりかもしれない。正の範例群と負の範例群とのあいだにある意味論的空間が大きすぎるのだ。この空間は次のようにして狭めることができそうだ。リンゴをあてはめることができそうなあらゆるクラスを想定して、もっともリンゴと近接したクラスを選び出す。「食べられるもの」は「自然物」よりも「リンゴ」に近接しているし、「果物」は「食べられるもの」よりも近接している。「北部平原地方特産の果物」とか「カラスのくちばしが三〜五センチ食い込む果物」とか、無理やりにつくらないで普通に考える限りは、「果物」というのがもっとも近接したクラスと考えられそうだ。それならば、負の範例はこのクラスから選択しなくてはならない。我々は、負の範例を生成してくれる機械的な手続きのかわりに、雑ではあるが現実的な方法をとることができる。もっとも近接したクラスから負の範例をとりだすのだ。こうすることで、想定しうるすべてのエラーが排除できるわけではないが、最悪のエラーのいくつかは避けられるだろう。

正の範例群と負の範例群とへの分類がチンパンジーに可能だということは、当該の（概念に関する）区別が可能であると確認されたことになるから、その区別に相当する名前を教えることもできるはずだ。しかし、その逆も成り立つとは限らない。チンパンジーが範例群をうまく（我々がするようには）分類できなかったとしても、その範例群の区別ができないことを確認したことにはならないのだ。よく似た現象として、ヒトの幼児は、自分自身では範例群を分類できなければ、おとなの分類を理解することもできない。しかし、いったん区別の仕方を教えられると、おとなと同じくらい正確に、新たな範例群を分類することができるのだ。実例として、キム・ドルジン（Kim Dolgin, 1981）が学位論文で報告している「意図的な行動と意図的でない行動との区別」が挙げられる。おとなが、短いビデオ映像に示された行動を「意図的なもの」と「意図的でないもの」とに分類しているのを、三歳半の幼児は理解できない。しかし、一〇種類にも満たない、「わざと」ということに関わる語を採りあげ、それらについて話をすることで、新たに提示したビデオ映像を大学二年生と同じくらい正確に分類できるようになるのだ。これについては後の章で詳細に論じるつもりだが、驚くべき事例として他に挙げることができるのは、行為の主体・受け手・手段という意味論的概念に関するものだ。四歳の子どもは、三歳半の子どもと比較してかなり有能だ。奇妙な食い違いはまだ起こすが、子どものふるまいは、四歳までには大人のレベルに近づいてくる。言語にもとづく区別と非言語的な区別とがほぼ等価になってくるのだ。

私が思うには、チンパンジーは、三歳半の子どもと同じボートに乗っている。たとえばサラは、ビデオ映像の内容を我々が「意図的なふるまい」と「意図的でないふるまい」とに分類しているのを理解できなかったものの、他のテストからは、彼女にこのような区別が可能であることを信じるに足る十分な根拠がある（Premack & Woodruff, 1981）。しかし、子どもに手を貸すようにチンパンジーに手を貸すのは不可能だ。チンパンジーには言語がなく、おそらくは共通のものであろう概念以外にはなにも共有されていないので、これらの概念の範例になってくれそうなものをチンパンジーに提示する以上のことは、ほとんどなにもできない。範例群がうまく働いてくれるか、チンパンジーと我々とのコミュニケーションが破局を迎えるかの、どちらかなのだ。もちろん、もっとうまくいきそうな範例群がないか試してみることはつねに可能だが、私自身には、チンパンジー相手に、試みをやり直してうまくいった経験がない。ヒトはどうも、最初に試みる時点で最適の範例群を採りあげる傾向があるのではないだろうか。

「区別に必要な名前を教えることによって区別が可能になり、顕在性が高まる、そしてなによりも、抽象性が高まる」という考えが、ひろく受け入れられている。このような考え方は動物言語研究において特に頻繁に持ち出される。主張の一部である抽象性を示す根拠として、対象の動物が、教えられた語を適用する対象をめざましいほど拡張することを主張するのだ。たとえば、チンパンジーがドアを開けるという行為を事例として"open"という語を教えられ、その後、引き出しや本、そして口にまで"open"を適用するようになったとしよう。こういった拡張を報告する文章は興奮した口調でつづられていて、そこで暗示されているニュアンスはあきらかだ。「このような拡張は、言語を示す否定しがたい証拠だ。なぜって、言語において以外のどこで、こんな抽象性が見出せるというんだ?」

しかし実際のところは、チンパンジーが示した拡張能力（訓練に用いられた事例を越えて語を適用すること）が、語を教えられたことにいささかでも影響を受けているとする証拠はまったくない。これと同程度の抽象性ならば、語を教える前の時点でチンパンジーに非言語的な分類課題をおこなっても示すことができるだろう。語が、もともと備わっていた抽象性――それがどのようなものであれ――を反映していることは、無論疑いない。しかし、語によって抽象性が加えられなくてはならないとする根拠は、はっきりしたものではないのだ。

それどころか、語を教えることによって抽象性が損なわれたり、阻害されたりすることすらあるかも知れない。阻害効果は一時的なものにすぎないかもしれないが、そうだとしても、抽象性が言語訓練以前から備わっていて、言語訓練によって導き出されたわけではないことを示すことにはなるだろう。たとえばリンゴの分類課題で、チンパンジーが持つリンゴの概念が、我々のものとおおむね同程度に抽象的であったとしよう。実際にチンパンジーは、リンゴの外見・部分、考えられる多様な要素をすべて、うまくまとめることができた。しかし、チンパンジーにリンゴという語を教える際には、我々が考えうるすべての範例をもちだせたわけではなかった。便宜的に、主として赤いワインサップ種のリンゴを使っていたのだ。チンパンジーが「リンゴ」という語を使用する際に、このことがどんな影響を及ぼすだろうか。おそらくチンパンジーは、訓練で用いられた、限られた範例群を越えて広範囲に語を適用するだろう。非言語の分類課題から予測されるのと同じくらい広範囲に（もっとも、それ以上ではあり得ないが）。

チンパンジーが判断に要する時間を計測してみたなら、提示された範例が赤いワインサップ種の時にもっとも速く「リンゴ」と答え、赤いジョナサン種の時には少し遅くなり、赤いデリシャス種の時にはもっと遅くなる。そして、緑色や黄色のリンゴの時にはさらに遅くなるだろう。チンパンジーが、非言語の分類課題で見せたのと同様に、きわめて正確に語を使用できたとしても、反応時間のデータは、抽象性が語によってもたらされているわけではないことの証拠になる。むしろ逆に、抽象性をもたらしているのはまさに非言語的な概念なのだ。このような抽象性を語が汚染してしまうのは避けられない。なぜなら、語が考えられうるすべての範例と連合されることはあり得ず、限られた数の範例としか連合されることがないからである。

同じような例として、チンパンジーに数の名前を教える場合を考えてみよう。かれらは、五まで程度の数について、マッチングをおこなうことができる（四対五が、限界かも知れない。五対六では誤答が多くなる傾向があるようだ。Hayes & Nissen, 1971; Woodruff & Premack, 1981）。数を示す名前を教える際に、三以外の数字についてては、範例となるセットの提示範囲が等しくなるようにしたとしよう。三についてだけ、セットに含まれるアイテムが散らばる範囲を、他のセットの数倍大きくしておくのだ。あるいは別のやり方もある。一、二、四、五については、それぞれの範例を示す際に色をつけていないアイテムを用い、三のセットについてだけ派手な赤色のアイテムを用いてみる。私の予測では、どちらのやり方を採っても、「三」の抽象性は損なわれるだろう。

チンパンジーは、「三」を使うときに、他の数をつかうときよりも頻繁にエラーを起こすだろう。このようなエラーは、見本合わせのような単純な課題においてでさえも出現しそうだ。たとえば、見本刺激として四本のバナナを、「三」と「四」の語を選択刺激として提示すれば、チンパンジーは「四」を正しく選択することができるだろう。しかし、見本刺激を派手な赤色のリンゴ四つに置き換えると、間違って「三」を選択してしまうかもしれない。仮に、チンパンジーが自分自身の経験（「三」は赤色で他の数字には色がついていなかったという経験上の特異性）に引きずられずに、このような影響を克服して正しい選択をおこなえたとしても、「四」を選択するのに要する時間は、見本刺激がリンゴの場合にはバナナの場合よりも長くなるかもしれない。

チンパンジーの持つ「三」の**概念**そのものは、偏った訓練による影響を受けていない可能性もある。「三」の範例となる実物のアイテムを見本刺激に用いたならば、チンパンジーはこの言語的でない見本刺激を、他の数字を示す同様の見本刺激と同じくらい正確に利用できるかもしれない。しかし、「三」という語が（他の数に対応する語と違って）三という数を中立的に表していないことを示すには、非言語の見本刺激を「三」という語に置きかえさえすればよい。語がいかにして抽象性を生み出すのかはあきらかでない一方で、語がどれほど抽象性に悪影響を及ぼしうるかは、はっきりしている。

負の範例が、分類課題において非常に重要な役割を果たすことはすでに見てきた。しかしそれだけでなく、チンパンジーに教える語の体裁を整える上でも、負の範例は非常に重要になる。ある色をした物体とその色との関連を示す語――「～の色」、「赤色　～の色　リンゴ」というような――をチンパンジーに教えたときのことを考えてみよう。チンパンジーは新奇な場面についても正しく反応し、標準的な転移テストにパスしたとする。たとえば「草の色は何色?」（?　～の色　草）と尋ねると「緑色」と答え、「黄色とレモンとの関係は?」（黄色　?　レモン）と尋ねると「～の色」と答える。「青は何の色?」（青　～の色　?）と尋ねると「ブドウ」と答えるのだ。

これらの答えをどの程度重要と考えるかは、チンパンジーがどのような選択肢から答えを選び出したかによって、どうしても違ってくる。たとえば、「クツ、走る、犬、ジャック、緑色」の中から「緑色」を選ぶことで「緑色　～の色　草」と答えたとしても、その答えを重要と考える訳にはいかない。どう考えても、「赤色、オレンジ色、大きな、丸い、緑色」の中から選んだ場合と同列には扱えないのだ。同様に、黄色とレモンとの関係を尋ねた答えが「〜の色」だった場合に、他の選択肢が「〜のかたち、〜の大きさ、〜の肌触り、〜の名前」だったとしたら感動してもよさそうだが、「ヤギ、車、スイカ、泳ぐ」ではそうもいかないだろう。ここで論じている「語」の妥当性は、チンパンジーが**選ばなかった**語に支えられており、そのうえ、選ばれなかった語が考慮に値するのは、それらが、正解の語と意味論的に近い、自然な関係にある場合だけなのだ。

意味論的にはっきりと近接した語の群が、すべての語について見いだせるわけでは残念ながらない。その中で、「〜のかたち」「〜の色」「〜の大きさ」「〜の肌触り」というセットは、ほぼ理想的だ。直観的にみて、このセットに含まれるそれぞれは、見事なまでに近接している。あいだに割り込ませることができる選択肢を思いつくのも、難しそうだ。たとえば、「〜の色」と「〜のかたち」とのあいだに、何を割り込ませることができるだろうか。もちろん、もしもそのような語を考えついたなら、チンパンジーに提示する選択肢の中に、その語を含めなくてはならない。意味論的空間における区分をこんな風に更に細かくしていってもチンパンジーがうまく反応しつづけたとしたら、我々の解釈に対する自信は増すだろう。もっとも、意味論的な細かい差異を我々がしているように教えることが、チンパンジー自身のためになるわけでは必ずしもないことには、注意してほしい。教えようが教えまいが、「〜の大きさ」「〜の色」といった語が利用される範囲は、実際のところまったく変わらないかも知れない。こんなにしてまで教えようとすることの意味は、生徒の側ではなくむしろ教師の側にある。教えてみることで、生徒がうまくできたかどうかのテスト結果を教師が知ることができるのだ。

ある語の特徴を一番はっきりと際立たせてくれる対比の相手は、必ずしも他の語というわけではない。たとえば、「〜の名前」、名前と名前が示す対象との関係をはっきりさせるには、他の語と対比するよりも当の対象と対比する方がよさそうだ。端的な例として、私は「〜の名前」を「〜の色」「〜のかたち」などが含まれているのと同じセットに含めたが、気は進まなかった。それだけがセットの中であきらかに逸脱していたからだ。しかし、「〜の名前」を加えても逸脱することがないセットを見つけ出せなかった。私は、「〜の名前」という語をよりうまく評価するためには、チンパンジーに、たとえば「皿にリンゴを入れて」と「皿にリンゴの名前を入れて」の違いをはっきりさせるような指示を与えればいいと考えた。リンゴの実物とリンゴを表す名前とを、他の名前とともに選択肢として加えておくのだ。この種の指示を一七種類与えたところ、サラはそのうち一四に正答した（$p < .05$）（Premack, 1976, p. 167）。

「ギャバガイ」とプラスチック語

ヒト以外の動物に言語を教えようとする際に我々が直面する問題は、クワイン（Quine, 1960）が描く言語学者が、自分の言語とまったく異なる言語を翻訳しようとする際に直面する問題とひじょうに似かよってくる。この言語学者は、現地民が「ギャバガイ」という声を発するのを聞いて、この音声が語だろうと考え、現地民が「ギャバガイ」と言った理由をつきとめようとするのだ。彼が最初に手をつけるのは、さまざまな「きっかけ」に対して「ギャバガイ」を発してみて、現地民が同意してくれるか否かを記録することだ。このテストで、以下のようなことがあきらかになったとしよう。現地民は「ウサギ」については同意したが、「子犬」、「白い猫」、「跳ねるカエル」については同意しなかった。言語学者はとりあえず、どうもウサギで間違いなさそうだという仮説を立てるが、自分の仮説が他の対立仮説よりも妥当であることを示す新たな証拠を（他の語の翻訳も進めながら）探しつづける。確証を得るために必要なテストをすべてデザインするのはとうてい際限がないし、最初の語は乗り越えられそうにもない。しかし、いきなり確証に達しようとするのではなく、この際限のない作業をつづけながら多くの要素に目を配りつづけることになるだろう。たとえば、「耳の長いシカ」や「跳ねるカンガルー」、「ふわふわしたミンク」では「ギャバガイ」が発せられないことが分かれば、彼の気は楽になるだろう。ウサギと同じように現地で食用とされているニワトリやアヒルでも発せられないことが分かっても、同様だ。「ギャバガイ」が意味する刺激についての絶対的な確証には程遠いだろうが、それやこれやの発見によって、確証に近づいてゆくことはできるにちがいない。

クワインは、彼の言う「刺激意味」と「名辞の意味」とには大きな相違があるとする。「ギャバガイ」の刺激意味とは、言語学者が発する「ギャバガイ」に現地民が同意してくれるような刺激や条件そのもの——おそらくは、ウサギの出現——だ。しかし、「ギャバガイ」の刺激意味が「ウサギという名辞」の意味と同じであるとみなすことはできない（あるいは、「ギャバガイ」と「ウサギ」が同一の広がりを持ち、同じものを指していることを保証することすらできない）。なぜならクワインが言うように、「この名辞を適用できる対象は結局のところウサギではなく、ある成長段階にあるウサギ、ウサギといっても成長におけるごく一時期のウサギであるということ以上に、なにが分かるだろう。……ことによると、『ギャバガイ』が適用できるのは、『ウサギを構成する多種多様な部分がすべてつながったもの』かもしれない」。あるいは、ご迷惑でなければ、第三の選択肢も考えてみてほしい。「ギャバガイ」は、「すべてのウサギの集合」に付けられた名前かもしれない。「ウサギによって構成される、時空間世界において非連続ではあるが単一の部分」(p.52)。クワインが、ネルソン・グッドマン (Goodman, 1951) から借用した選択肢だ。

クワインが問うたのは、これらの解釈から最適なものを決定できないのは彼がおこなった「刺激意味」の定式化に固有の誤りがあったためなのか、ということであり、ごくわずかな指示や質問を加えることでは決定不可能性は解消できないのか、ということだった。指示を加えることでは事態は打開されず、かれはこう結論づけた。

「一羽のウサギ」を指示したなら、あなたは同時に、「ある成長段階のウサギ」、「ウサギを構成する部分の集合」、「ウサギという集合」を指示したことになる。「ウサギを構成する部分の集合」を指示したなら、同時に、残り（の三つ）の事項を指示したことになる。他のどれを指示しても同様だ。刺激意味によって区別されないものは、同一性や多様性に関する問いをともなわない限り、指示することによっても区別できない。「これはあれと同じギャバガイ？」「ここにあるのはひとつのギャバガイ？　それともふたつ？」といった問いだ (p. 53)。

我々は、クワインの基本的な主張に異議をとなえたい。クワインの主張は、同一性あるいは多様性に関する問いに指示をつけ加えるだけで「ギャバガイ」の解釈が可能になりうる、「ギャバガイ」が指している対象が本当はどんなものであるのか決定可能になりうる、というものだ。彼はおそらく正しい。しかしながら、他の可能性も残っている。刺激意味を決定するためにクワインが設定した条件が、実際よりも限定的な、または弱いものになっていたことだってありうる。刺激意味のテスト条件と同じくらい非言語的で、かつ、より強い（おそらくは同一性に関するクワインの問いと同じくらいの）検証力を備えたテスト条件をアレンジすることは可能だろう。こういったテストはすでにある程度まで、対象の永続性に関心を持つ心理学者によっておこなわれてきた。ヒト乳幼児が知覚しているのが「永続的な対象」なのかその対象の「ある瞬間の断片」なのかをあきらかにしようと試みる中で、彼らはクワインの示した選択肢のふたつについて議論を重ね、ある程度の成功をおさめたのだ（Bower, 1974を見よ）。いうまでもなく、同一性や多様性について赤ん坊に質問することはできないので、刺激意味の場合と同様に、なにからなにまで非言語的なやり方でテストをおこなうのだ。

クワインの選択肢ふたつを思い出してみよう。「ウサギを構成する多種多様な部分が**すべてつながったもの**」と、グッドマンの言うあらゆるウサギの**集合**「ウサギによって構成される、時空間世界において非連続ではあるが単一の部分」（Goodman, 1951）とだ。非言語的なテストによって、これらの選択肢と永続的な対象との間に一線を画すことは、本当に不可能なのだろうか。

まずは、「ウサギを構成する多種多様なパーツがすべてつながったもの」について考えてみよう。

ここで考慮すべき相違は、その対象が（外部から力を加えられない限り）決してバラバラになることのないものなのか、自在にバラバラになれるものなのか、という点だ。後者の場合、我々が目にしているギャバガイは、我々が見る直前に寄り集まったパーツから成り立っていることになる。またバラバラに飛び散ってしまうかも知れないし、次に我々が見かける「ウサギ」は、さっきの頭に新しい胴体、さっきの尻尾からできているかも知れないのだ（ここで「さっきの」というのは、ほんの一週間ほど前に頭と尻尾が一緒だったことがある、という意味）。つまり、一方の場合ではウサギのパーツが「一緒になったり離ればなれになったり」するが、他方の場合はひとまとまりのまま、永続的なものであるということだ。実はこの話題は、私が気に入って想像してみているもののひとつなのだ。以下に紹介しよう。

体操の跳躍台かトランポリンを向かい合わせにふたつ、設置した様子を思い浮かべてほしい。ひとつの人影が片方の台に登り、何度か跳ねたあと、シンプルな飛び込み、スワン・ダイブ（肩の高さに腕を広げた伸身の飛び込み）、あるいはもっと手の込んだやり方にせよ、もう片方の台に向けて飛び出す。台に登る・跳ねる・飛び出すという一連の流れがひとしきり繰り返され、次々とあらわれる人影はどれも、台から台へと無事に飛び移っていく。しかしあるとき、飛び出した人影が上空でバラバラになるのだ。といっても、バラバラになっている、パーツが離れているのはほんの一瞬のことだ。わかれたと思ったら、まるで、「どこに戻るべきか知っているんだぞ」と賢さを誇示するかのように、もとに戻ってしまうのだ。パーツたちは、分解と再統合とを上空で完了してしまう。人影は、着地するときには完璧にもとどおりつながっているのだ。

どんなパーツに分かれるかがその時々で違っていても、この光景はさらに興味深いものになるだろうが、私自身の想像力はごく保守的なものだ。頭・脚・腕・胴体、といったふうに、どうも標準的な部位にこだわってしまうので、さらに興味深い光景として、**ふたつ**の人影が同時に飛んで交差することにしてみよう。今度は二個体――男と女、女とガイコツ、ガイコツとウマ、なんでもいい――が向かいあう台に登り、かすかに微笑むなりうなずくなりして互いを確認しあう。ふたつの人影は同時に、たいていは同じフォームで飛び出すのだ。読者がお望みなら、ふたりの太鼓腹の中年が低空のスワン・ダイブで交差し、相方が飛び出した揺れがまだ残っているボードに着地する様子を思い描いてくれてもいい。ご想像のとおり、彼らも時折上空でバラバラになるが、着地する前にはまたつながっている。もちろん、ここでもっとも興味深いのは、二体分のパーツが上空でごちゃまぜになって、着地してきたのが、たとえば、ヒトでもウシでもない、「部分的にヒトで部分的にウシ」であるような場合だ。

私は頭の中で、ヒトとヒト以外の動物との組み合わせだけでなく、野菜、家、車といったさまざまなアイテムの組み合わせで、このゲームを楽しんできた。頭の中に浮かぶ光景があまりに楽しく面白いので、私は、これをビデオ化あるいは映画化したら多くの人に楽しんでもらえること請け合いだと思っている。大人たちは微笑み、あるいは大笑いするかもしれないし、子どもたちはおそらく、少しくらい怖がることだろう。ここが重要なところだ。このビデオは、ギャバガイを「ウサギを構成する多種多様なパーツがすべてつながったもの」と考えている生物には、なんの効果ももたないのだ。ヒトがこのビデオを見て喜ぶのは、まさに、それが我々の考え**ではない**からなのだ。

現地民が指し示したり同意できそうな**あらゆる**アイテムに擁護される「解釈の多様性」の影には、帰納や非明示的推論といったもっと深遠な問題が潜んでいる。これについてもクワインは、また別の鋭い事例を示している。心理学者にとって最もかかわりがありそうなのは「子どもはどうやって、あらゆる語の意味を学ぶのか」という謎だ。母親が犬を指さしながら「イヌ」と言ったとしよう。子どもは、意図された支持対象が目の前の動物であって、（母親の指がさしている）イヌの眼球や、眼球運動（母親が指さしたときに瞬きをした）、あるいは（イヌ自身が完ぺきな範例となっている）「一」という数ではない、ということをどうやって学ぶのだろう。

クワイン、グッドマン（Goodman, 1965）、ヘンペル（Hempell, 1965）たちがこの問題を描き出した時点で、心理学者は彼らに借りをつくってしまった。なぜって、解決のための指南書が一式見事についた問題を、ある研究領域が別の研究領域に手渡してくれることなんて、めったにはないのだから。この指南書を読んだおかげで心理学者たちは、どうやったら時間を建設的に使うことができるのかを知り、たとえば、子どもが最終的な正解にたどり着く以前に論理的に可能な選択肢のすべてをまとめ上げられるようになる学習装置を作ろうなどとして、時間を無駄にすべきではないことを知ったのだ。

エリザベス・スペルキ（Spelke, 1984）は、ヒト乳幼児は**対象**（objects）を知覚するような制約を備えていることを示唆し、その上で乳幼児が対象として知覚しているのはいったい何なのかを実験的に確かめようとすることで、卓越した常識をもたらした。対象を知覚する制約があるのならば、子どもがどうやって「イヌ」を犬の色や動き、眼球など**ではなく**、犬そのものと結びつけるかは、もう謎ではなくなる。さらにいえば、謎は次のように変わってゆく。どのような制約やシステムを加えれば、（もともと対象を見るようにできている）子どもは、**対象そのものを指さない**名前——色、かたち、動き、数、等々あらゆるもの——を学習するのだろうか（この問題に関しては、エレン・マークマン（Markman, 1983）の興味深いデータと異なる見解も参照してほしい）。

この点では、クワインの「現地民」は子どもと変わらないといえそうだ。「彼」もまた、論理的に可能な選択肢のうち一部だけを知覚するようにできているのだ。結局のところ我々のかかげた問題は、現地民の知覚の制約条件をあきらかにしてくれそうな、仮想的な非言語テスト程度のものになってしまう。最後に残った事例として、ネルソン・グッドマンの「ウサギの融合体」を考えてみよう。さてここに、ご想像のとおり、あらゆるウサギの融合体といったものがある。あなたが一羽のウサギを指し示そうとしても、どうしても融合体を指し示さざるをえない。しかし、融合体も現実の対象なので、現地民がウサギを指し示している場合に、自分が融合体を指しているのだと認識している（あるいは指示対象として融合体を心に浮かべている）ことにはならないのだ。実際のところ、融合体を知覚するようにできている生物を描き出すのは私には難しいことなのだが、生物がこの解釈を受け入れることを可能にしてくれそうな条件を、ふたつ思い浮かべることができる。ひとつは道徳性に関するものであり、もうひとつは物理——重力——に関するものだ。ここでは前者を取り上げて、ある生物が**道徳的**視点を備えているか否か、そして（ウサギを指し示した時に）融合体を心に抱いているか否かをいかに判断するかについて述べたいと思う。

グッドマンのいう融合体、「複数のウサギからなる、時空間世界において非連続ではあるが単一の部分」は、私にとってすぐには理解できない概念だった。どこかで「見たことがある」というのは分かったが、どこで見たのかを思い出すのに少し時間がかかったのだ。しかし、それはすぐにはっきりしてきた。グッドマンの融合体は、**道徳**状態あるいは条件に関する物理モデルだったのだ。道徳状態とは、ジョン・ダン（John Donne）が有名な著書「瞑想録XVII」において述べたもののひとつだ。「いかなる人も、完全に孤立した**島**ではあり得ぬ。あらゆる人は**大陸**の一部であり、**大海**の一滴である……いかなる人の**死**も**私**を弱める。私は**人類**の一部なのだから」これこそ、絆（connectedness）が（カテゴリーに属するすべてのメンバーの間に）存在する条件であり、さまざまなかたちで表現されうるものだ。たとえば、まず手始めに、あらゆるウサギの時空間分布を俯瞰して、確定しよう。それから、ウサギのうち一羽を殺し、カテゴリーに属する残りのウサギから選択したサンプルについて、悲しみについて直接テストをおこなう。「悲しみ」は基準となる条件からの、特定の種類の「ずれ」によって定義される。仮に、犠牲者とカテゴリーの残りのメンバーとの距離に反比例して悲しみが増加することがわかったとしよう。それ以上のものを何か示す必要は、我々にはない。すなわち、道徳的絆のモデルとしてグッドマンの「融合体」が妥当かどうかを判断するのに、悲しみが伝播するメカニズムを特定する必要はないのだ。ところが、データの最初の段階から、普通の感覚や知覚ではこういった伝播のメカニズムが説明できそうにないことははっきりする。犠牲者が殺されるのや殺された現場近くにいた他のウサギたちが騒ぐ様子が遠すぎて見えなかったウサギにも、悲しみの増加がみられたのだ。不安や動揺のもとになっているのはひとえに絆、同一カテゴリーのメンバー・シップということになる。いうなれば、一部の人の考えに反して、自然のカテゴリーは人為的につくられたもの――分類のための装置――ではないということだ。それらはもともと世界の一部であり、自然の一部として、**道徳的な**力を備えていることになる（まさに、すべての自然物が**重力**を備えているように）。

グッドマンの融合体は、ダンの唱える絆の物理モデルとして適切だ。この道徳的視点の存在を信じる人と信じない人とでは、特定の視覚的イベントに対する反応が違ってくるだろう。こんなビデオ映像を作ったとしてみよう。複数のカップが時空間的に配置されているのを俯瞰して見ることにする。同じことを、カボチャやシマウマについてやってみてもいい。そこでカップのうちひとつを壊して（カボチャのひとつを割ったり、シマウマの一頭を撃ち殺したりして）、動揺がカテゴリーに広がる様子を観察するのだ。カテゴリーのメンバーと犠牲になったメンバーとの距離に反比例して、カップは振動してヒビが入り、カボチャは砕け、シマウマはよろめく。（道徳的視点を）信じる者と信じない者とでは、こんな映像に対する反応は違ってくる。これらの違いにもとづいて「ギャバガイ」の解釈を推定することができるだろう。

語を翻訳するには、そして、クワインが存在を主張した翻訳不能性から逃れるには、我々はただ、これらのテストによってもたらされた情報と場面文として使用された語の刺激意味からもたらされた情報とを組み合わせさえすればいい。これらふたつの情報によって、語を生じさせる条件とその条件に現地民が付与する解釈とをどちらも特定することができるだろう。同じく、こうすることで、語が指し示すアイテムや（刺激意味にとどまらない）語の意味する範囲をはっきりさせることができるだろう。

もっと他の手続きも考えてみよう。最初のものに劣らず行動学的で、概念的な枠組みを確立するのにも利用できる手続きだ。最初のものほど直接的なものでないにも関わらずここで取り上げるのは、手続きをふたつ用意することにはかなりの利点があるからだ。ふたつの手続きがそれぞれまったく異なるにも関わらず同じ答えが得られたとしたら、その答えは、どちらかひとつの手続きによって得られた答えよりも高い信頼をおくことができることになる。

第二の手続きでは、現地民の語の翻訳を試みるのはあとまわしにして、逆に、現地民に語をいくつか**教える**（現地民の立場をチンパンジーに近づけ、言語学者の立場を我々に近づけるのだ）。現地民の概念的枠組みの究明を目指す上で不可欠であるとクワインが認定した、ごく少数の語のセットに集中することにしよう。セットに含まれるのは、これ／あれ、ひとつの／複数の、同じ／違う、に相当する現地語だ（クワインが述べたとおり、必ずしもここに示した語と一対一対応していようがいまいが構わない）。「概念的枠組みを知る」ために言語学者が現地民に問うべきこととしてクワインが提案した質問――「これはあれと同じギャバガイ？」「ここにあるのはひとつのギャバガイ？　それともふたつ？」――をおこなうには、まさにこれらの区別が必要なのだ。

我々はチンパンジーに、そういった区別の多くを教えることができた。実際のところ、これ／あれ（Premack, 1976, p. 281）、ひとつの／複数の（p. 225）、そして「すべての／ない／ひとつの／いくつかの」といった数量詞（p. 268）などを含め、試みたものについてはすべて教えることができたのだ。しかし、現地民の概念構造を解読する助けになるとクワインが述べていた同一性や多様性に関する質問をおこなうために、これらの語を用いたわけではない（そもそも、チンパンジーにこういった質問ができるのかにも自信は持てないけれど）。そもそも、そんなやり方自体も必要なさそうだ。ある個体に備わった概念的枠組みは、単純に、当該の区別を示すラベルを獲得できること、あるいはできないことによって、あきらかにできるだろう。

指示形容詞「これ」「あれ」を考えてみよう。代名詞「あなた」「わたし」と同様、「これ」「あれ」には、話者によって相対的に定義される区別が含まれている。「これ」は、話者に近接したアイテムを指示し、「あれ」は、話者から離れたアイテムを指示する。こういった複雑性があるからこそ、チンパンジーがこのような語を学習できるかどうかあきらかにするのは興味深いことだった（「あなた／わたし」の手話を獲得できただけでは、問いに答えたことにならない。そこでは区別が図像的ジェスチャーにもとづいており、話者は話者自身を指さすか、聞き手を指さすかのどちらかでしかないのだから）。サラは、基本的な区別を獲得した（Premack, 1976, p. 281）ものの、ヒトがおこなう区別には、我々が検討しなかった、もっと微妙な区別が存在している。しかし、ここでの我々の関心は、話者によって相対的に定義される語の複雑性ではなく、区別によって修飾される対象の知覚特性に関して、どのようなものが区別の前提とされているのか、という点だ。

「現地民」が、チンパンジーと同じ言語訓練を受けたとしよう。トレーナーは二羽のウサギを調達してきて、一羽をもう一羽より現地民に近いところにおく。ウサギたちの位置が「これ／あれ」によって修飾される対象となるようにするためだ。そして現地民には、チンパンジーに対しておこなったのと同じように、ウサギを要求するときには「これ」か「あれ」かを、定義にしたがって言及するように求める。一方で、「このウサギをとって」「あのウサギをとって」という要求に応えるときには、話者の変化に伴って、（指示される）ウサギの変化を逐一理解しなくてはならない。

仮に、現地民はチンパンジーと違って、ウサギを永続的な対象とはみなさなかったとしよう。彼にとってウサギは、絶えず変化しつづけるものであり、近くのウサギの一部は離れたウサギの一部と入れ替わる。もっと遠くのウサギたちと、ここにいるウサギたちの間での小さな交換も言うに及ばない。にもかかわらず彼は「これ／あれ」を獲得し、我々と同じように使えるだろうか。それとも、彼が持つ概念的枠組みによって、獲得が阻害されるだろうか。

彼も彼なりの「これ／あれ」を獲得はするだろうが、我々が使う「これ／あれ」とは異なったものになるだろう。我々の使う「これ／あれ」が対象を修飾するのに対し、彼が使う場合には、位置を修飾することになる。というのも、彼の概念的枠組みの中で「永続する」のは、対象ではなく位置だからである。彼にとっては「このウサギ」と「あのウサギ」との弁別を学習するのは難しく、対照的に、「この場所」と「あの場所」との弁別を学習するのは簡単であるはずだ。そして、この、風変わりで予想もしなかった対照的な結果によって、彼の概念的枠組みが風変わりなものであることに気づくことができるだろう。

「これ／あれ」をある対象の修飾語として獲得するのに時間がかかった現地民にも、同じラベルを**他の**対象の修飾語として獲得するのは十分に可能かもしれない、という点に注意してほしい。ウサギが、問題の「現地民」にとっては、無限に分割可能なものではなく原子のような（分割できない）要素でできていたとしよう。とはいえ、私たちと少し違っているだけのこの現地民にとって、原子的なウサギのパーツとは、頭、胴、脚、といったものだとする。この現地民に「これ／あれ」

を教える時に通常の学習を成立させようと思えば、**不安定**で分子的な（ウサギ）全体を、**安定**なこれらの原子に置き換えさえすればいい。一方でもし、現地民がほんの少しどころではなく我々と違っていて、概念的枠組みとして原子的な要素さえ持たず、あらゆるパーツをさらに分割してゆく能力だけを持っていたとしたら、学習率の差は見られないことだろう。彼にとっては、我々が用いそうなパーツのどれかに、「これ／あれ」を当てはめるのは、切り出してきたパーツのもとになった、より大きな対象にこの区別を適用するのと同じくらい難しいはずだ。こういった違いそのものは、原子主義者と非原子主義者、ヘラクレイトス主義の現地民と非ヘラクレイトス主義の現地民とを区別する際に有効であり、我々にも、概念的枠組みについてなにがしかのことを教えてくれる。もっとも、ここでの自由度はあきらかに大きくて、これらの差違を利用して概念的枠組みを解読できる見込みは薄そうだが。言ってみれば、なんらかの研究さえおこなえば、自由度はもう少し小さくできるだろう。さしあたり、私はこの研究手法だけで概念的な枠組みが究明できると主張しているのではない。他の手続きを補完するものとして提案しているのだ。重要なのは、複数の手続きを収斂させることだ。

実際のところクワインは、現地民の性質を我々にとって馴染みのあるものに設定し、我々が名前をつけるものすべてに現地民も名前をつけると仮定することで、「言語学者」が直面する事態を簡単にしすぎてしまっている。もしも現地民が、我々と同じ物に名前をつけながら、名づける物に対する解釈が異なっていたとしたらどうなるだろう。「刺激意味」によってもたらされた弱いテスト条件だけにとどまっていたら、このような直面しうる差違を見極めることはできないだろう。我々

容――に対してだ。たとえば、「ギャバガイ」は「ウサギ」ではなく、「嫌なハンター」や「抑圧者」のようなもの――ウサギがヒトの大人（現地人や言語学者）に付与すると現地人が信じている内容――を意味しており、「プレンギー」は「同類の弱者」や「小さなカモ」――ウサギがヒトの子どもに対して抱いていると現地人が信じている内容――を意味しているのだ。そういうわけでここに、正規のやり方で想定した刺激条件を変更するだけでは原理的に刺激意味を確定できないが、観察者を変えることによって確定可能という種が現れたのだ。

さらに可能性をひろげていくよりも、もともとに近いケースに戻ろう。すなわち、真理関数に対するクワインの解釈と、どのようにして真理関数をチンパンジーに適用しうるか、という問題だ。クワインは真理関数を、論理学者が自然にそうするように、文を接続する装置として扱っている。したがって、連言命題の意味論的な基準は、「それが『構成要素のそれぞれを承認することができる時にだけ常に、承認することができる』ような複合を生みだすこと」だ（Quine, 1960, p. 58）。しかしこの論述法は、我々にとっては不適当だ。というのも、論理結合子の使用と理解は（もっと基礎的な何かでなく）文とのみ関わっているという、我々に想定不可能な事態を想定しているからだ。我々は、もっと別の問いを掲げなくてはならない――連言命題、選言命題などの事例と解釈されるような（クワインの用語で言えば）シミュレーションとは、どんなものであるか。答えを見出すには、被験者に文ではなく（世界の）状況を提示し、どの状況を個別のものとして、どの状況をひとつのものとして表象しているか、尋ねるのだ。

たとえば、広場でチンパンジーに箱をふたつ見せる。六メートルほど離れたところに箱を置き、ひとつめの箱にはリンゴが、もうひとつの箱にはバナナが入っているのを観察させる。その上で、テストを通して、チンパンジーが箱の中身をどちらも覚えていることだけでなく、それらを結合したかたち（「Aにはリンゴが、そして、Bにはバナナが入っている」というように定式化できるだろう）で覚えていることをあきらかにするのだ。AとBとが関連づけられていることを示すには、チンパンジーが、等価な選択肢が他にもあるにもかかわらずAとBとをマッチさせればいい。（バナナではなく）リンゴを食べ飽きさせると、C（こちらにもバナナが入っているのだが）ではなくBの箱に向かい、（リンゴではなく）バナナを食べ飽きさせると、D（こちらにもリンゴが入っているのだが）ではなくAの箱に向かえばいいのだ。

しかし、我々が見いだしたのは、ふたつの箱を別々の時に見せると、つまりたとえば、Aを朝、Bを夕方に見せると、それらふたつはチンパンジーの記憶の中で結びついたものとして表象されないということだった。チンパンジーはたしかに、AもBも覚えてはいる――それらがふたつ同時にあるいは時間的に隣接して見せられたのと同じくらいちゃんと覚えている――のだが、それらはひとまとまりものとして表象されていないのだ。たとえば、「食べ飽きさせる」実験をとってみても、まったく異なった振る舞いを見せるのである。リンゴに飽きてしまっても、Cに入ったバナナをB以上に探ることはないし、バナナに飽きてしまえば、Dに入ったリンゴをA以上に探るわけでもないのだ。

こういったテストは――文を扱っているの**ではなく**世界における条件を扱っているわけだが――、潜在的に区別可能な情報の断片が、相互に組み合わさったかたちで表象されているのか否かを問うことになる。「組み合わせ」というのは、もちろん、連言命題のことではない（とはいえ、両者になんの関係もなかったら大変な驚きだが）。両者の関係をあきらかにするために、我々はクワインが提案したテストに手を加えた。最初にいくつかの構成要素それぞれをチンパンジーが同じように見ているか確認し、それから、組み合わせて提示した場合にチンパンジーが同意するか否か検討したのだ。

チンパンジーは、個々の場面文には同意しながら、場面文を組み合わせたものの多くには同意しようとしないことが分かったとしよう。たとえば、「ギャバガイ」と「ナティル」との組み合わせを試してみると、それぞれには同意するものの、組み合わせには同意しないのだ。「ギャバガイ」と「ナティル」の刺激意味は、それぞれ「ウサギ」と「傘」であることが分かったとする。チンパンジーは「おやまあ、ウサギと傘だ」には同意しない、おそらくは同意できないだろう。また、ふたつの情報が一日のうちまったく違う時間帯に知らされた場合を考えてみれば、チンパンジーは「リンゴはAの中、そして、バナナはBの中」にも同意しないだろう。

クワインの推薦するテストをヒト以外に適用してみると、ヒトがどれほどとんでもなく奇妙なものか分かるだろう。我々ヒトは、個別に同意した多種多様な文を結合しようとする、あるいはすることができる唯一の生物なのかも知れない。他の種では、連言命題がもっと制限のついたかたちで扱われているだろう。かれらにとっても、個別の文に同意することは必要だろうが、そのことは、それらを連ねたものに同意するための十分条件ではないのだ。もっとも、だからといって、これらの種が持つ論理構造がヒトのものとはまったく異なる訳ではない（クワインはこのことを最初に指摘したひとりだ）。彼らが彼らの論理構造を利用する場面が、ヒトの場合よりも大幅に限られたものであることを意味しているにすぎないのだ。

問いただすこと——言語的・非言語的に

『ことばと対象』の一三年後のコメントでクワインは、「ギャバガイ」で翻訳の決定不能性を強調しすぎたことを悔やんでいた（Quine, 1973）。この学説の隠れた基礎になっているのは、「名辞の神秘性」・「ギャバガイ」の例え話などではなく、言語学はおろか物理理論においても、事実によって理論を確定することはできない、という事実に他ならない。科学の決定不可能性は（少なからずクワインのおかげで）、ほぼ普遍的に認められている。この普遍性にけちをつけるつもりはない。ここでの私の関心は違うところにあるのだから。私が関心をもっているのは、知性の比較研究や「他者」の心に関して我々が確証できることに対して、クワインの見解がなにを示唆しているかという点だ。今では形成は逆転し、名辞の神秘性は、科学の決定不可能性以上のものになってしまっている。

クワインの見解が知性の比較研究にとって重要なのは、それが言語すなわち「ことばで問いただす能力」を、他者を深く理解する上で不可欠な条件をもたらすものとして取り扱っているためである。彼は、同じ言語を共有するふたりの間で確証できる範囲を示しただけでなく、同じ言語を共有しない個体間で確証できる範囲についてはさらなる（厳しい）制限があることも示したのである。

その制限は、名辞の指示対象に関わってくる。名辞の指示対象は、ことばで問いただすことを通してはじめて確定されるというのだ。

大多数の生物種は我々にとって、ことばで問いただせる相手ではありえないので、クワインの見解が正しければ、この世界の居住者のうち、大多数の心について我々はほとんど知ることができないことになる。痛ましい話だ。ギャバガイの事例に導かれて、我々は様々な異なる生物種が示す反応のリストを作成し、それぞれの場合における刺激条件を特定できるだろう。加えて、これらの条件についての物理的な分析に磨きをかけることもできるそうだ。現地民は、青いウサギや五本足のウサギ、アリのように小さくて、跳ねずにこそこそ歩くウサギを示されても「ギャバガイ」と言いつづけるだろうか。さらには、物理的分析をマクロレベルに限る必要もない。マクロからミクロに進むことで、アリの交接反応を導く刺激条件の化学式を確立できるかも知れない。一方で、我々にできないのは、反対の方向へことを進めること、つまり、刺激条件に関する概念上の分析を精緻化することだ。

ことばで問いただすことができない生物を相手にする限り、その生物自身が刺激条件をどのように解釈しているか見定めることはできない。さらには、そもそも解釈などしているのかどうかも分からない。刺激条件をどの程度まで解釈するかは、種によって異なるのだろうか——ある生物は解釈する能力をまったく欠いているが別の生物は解釈することが可能である、さらに別の種は（我々が当てはまりそうだが）、解釈ができるだけでなく、そのことを意識することもできる、というように。クワインに従えば、この問いは回答不能なものになってしまうだろう。確かに彼の見解は、解釈という行為そのものが言語に依存するとみなした他の見解（Schwartz, 1978を見よ）のように間違ってはいない。しかし一方で彼の見解は、こういった問いにまつわる永遠の不可知論に我々をしばりつけてしまいかねない。

ことばで問いただすことだけが、他者の刺激条件を解釈する唯一の手段なのだろうか。私はそうは考えない。ことばで問いただすことが不可能な時に取って代わることのできる非言語的手続きを詳述することをとおして、すでに表明してきたとおりだ。ここで、非言語的な選択肢をさらに詳細に説明しよう。ここでは、ヒトによる解釈の主要なもの、因果律をとりあげる。ことばをもたない、問いただすことの不可能な生物で、因果律を見出すことができるかを考えてみよう。このような場合に最初にやってみたくなるのが、進化的な問いを掲げることだ――解釈は、我々の種においてはじめて出現したものなのだろうか、それとも、どこか他にその起源を求めることができるものなのだろうか、というものだ。しかしここでは、この問題ではなく、ことばで問いただすことと私の提案する非言語的な代替手段とを比較することに関心を払おう。いったいなぜ非言語的な手段が用を成し、言語的手段ほどではないにせよある程度の解決力を備えているのかをあきらかにしたい。実際のところ、ことばで問いただすことは、他者の刺激条件を解釈する上で我々にとってもっとも効果的な手段だ。しかし、どうしてだろうか。

因果性にはいくつかの側面がある。まずは、物理における因果的行動の表現／あらわれとして主なものである「変容」からとりかかろう。ある個体が、ある物体の状態なり位置なりを（あるいはどちらも）を、おそらくはなんらかの道具を用いて、変容させる。たとえば、イスを動かしたり壁を塗ったりするのだ。このような変容を子どもが理解しているか見定めるには、一方にまるごとのリンゴ、もう一方にまっぷたつに割られたリンゴを示して、「この違いはどうしておこったの？」と尋ねることもできそうだ。子どもが（エンピツや、容器に入った水ではなく）ナイフを指さしてくれたなら、我々には心強い。リンゴを、乾いたスポンジと濡れたスポンジに取り替えたら、子どもはナイフを、容器に入った水に選び変え、その後も取り替えるたびに、子どもが対応した品物を選び変え続けたとしたら、さらに心強いことだろう。

すでにあきらかなように、子どもにことばで質問する必要はない。子どもがしゃべれず、ことばで問いただすことができなかったとしても、同じように証拠を得ることができる。さっきと同じような流れで、たとえば、「リンゴ・空白・切ったリンゴ」を選択肢（ナイフ・エンピツ・容器に入った水）と一緒に提示するだけで、なにも言わないでおけばいい。子どもも同じく選択をおこなうだろう。我々にとってより重要なのは、チンパンジーも同じ選択をおこなうだろうということだ。つまり、「ことばで問いただすことのできない」子どもと同じ方法でチンパンジーをテストすれば、同じ結果が得られるのだ（Premack, 1976）。

リンゴ・「空白」・切ったリンゴ、スポンジ・「空白」・濡れたスポンジ、白紙・「空白」・印の描かれた紙。ヒトの子どもやチンパンジーに我々が提示することのできる、こういったあらゆる場面は、言語の系列「この違いはどうしておこったの？」とはあきらかに異なる。しかし、子どもはどちらの系列にも同じ反応を返すし、チンパンジーは**非言語**系列について子どもと同じ反応を返す。ふたつの系列のなにが共通していて、同じ反応を導き出しているのだろうか。

たとえば「『空白』は、ポパイの大好物」や「ワシントンは合衆国の第『空白』代大統領」が明示的な問いであるのと同じ理由で、非言語的な文は非明示的な問いだと言えるだろう。どちらの系列も、完成可能なものの未完成版と考えることができる。

もちろん、あらゆる質問が未完成な系列だと主張するつもりはない。主張したいのはむしろ逆のことだ。提示された未完成の系列から完成された系列を予見・想像できるならば、その系列は（語でできているか物でできているかにかかわらず）質問としての力を持ち、それに対する反応は、回答として扱うことができる、ということなのだ。

これと同じように考えると、実際にことばで問いかけることが、非言語的な問いかけではありえない検出力を備えている理由が理解できる。チンパンジーや子どもにたとえば「リンゴ・空白・切ったリンゴ」を提示することで、我々が「この違いはどうしておこったの？」と問おうとしていることは確かだが、問われたほうは、この非言語的構造が明確に**原因**を取り上げたものとは解釈していないかもしれない。リンゴに結びつくものを尋ねられているだけだと考えているかもしれないし、リンゴと同じくらい「切れるもの」、同じくらい丸いもの、同じくらい赤いものなどを尋ねられていると考えるかもしれない。明示的な問いかけにおける「原因（どうしておこったの？）」という語は、これらの意図しない選択肢を即座にすべて取り払ってくれるのだ。

しかし、非言語での問いかけにはうまくいく見込みがないというのではない。問いかけの結果しだいで、不明瞭さの多くは解決される。例をあげれば、提示された変容のひとつひとつに対応した道具をつねに選びつづける被験者は、対立する選択肢の多くを排除していることになるだろう。それでもまだ「その被験者が、正しく選んではいても道具を変容の原因だとはみなさず、『ただ変容に関係あるなにか』としか捉えていない」という可能性も考えられる。これも、論破不能の可能性では決してないのだが。リンゴに文字を書いたこともなければスポンジを切ったこともなく、紙を濡らしたこともない被験者を想像してほしい。にもかかわらずその被験者は、問題の対象物と長い間結び付けられてきた道具ではなく、こういった変則的な変容にふさわしい道具を選択することができるのだ。このような結果は実際に、チンパンジーについてすでに得られており（Premack, 1976）、述べてきたような他の選択肢は棄却することができている。では、これで一件落着、競合相手の選択肢はついにすべて排除され、因果性の仮説だけが唯一の生存者となっただろうか。まさか！　我々は永遠に他の選択肢を描きつづけ、それらを排除するための統制実験をおこないつづける（と同時に自分たちが見過ごしていた選択肢を指摘されては愛想よく歓迎しつづける）羽目になるのだ。しかし**これ**は、それほど目新しい袋小路だろうか。

刺激条件の解釈への非言語的なアプローチは、科学でよくある問題に直面しているにすぎない。我々は対立仮説を弱めることによってある仮説を強化する（ポパー（Popper, 1972）を厳密に読むなら、対立仮説を弱めること以外はなにもできない）のだ。クワインは、翻訳における決定不可能性を通常の科学における決定不可能性以上のものとみなしていたが、その議論には無理があると私は考えている。心理学における決定不可能性は、ここに紹介した我々の実験が示すように、通常の科学における決定不可能性そのもののように思えるのだ。

非言語的なアプローチが適用できるのは、因果性の解釈にとどまらない。意図や信念、すなわち、我々ヒトだけが心的状態を他者に帰属させる唯一の種ではない可能性を検証する際にも、同様のアプローチを取ることができる（Premack & Woodruff, 1978）。ここでもまた、未完成の非言語的系列、あるいは、適切な解釈能力を備えている知力さえあればそのように見えるはずの系列を提示するのだ。この系列が因果性に関するテストと異なる唯一の点は、静的でなく動的なものであること――物体をただ提示するのではなくビデオ映像を用いていることだ。

具体的には、我々は、幼い子どもとチンパンジーに、ある人（俳優）が手の届かないところにある食べ物を取ろうと苦労している演技をしているビデオ映像を見せた。ビデオ映像と一緒に提示される選択肢は、たとえば、椅子の上に乗る姿（食べ物の場所が高すぎて届かない場合）や、棒を使って取ろうとしている姿（水平方向に手が届かない場合）など、さまざまな方法で問題を解決する様子をあらわした写真だ。

被験者がつねに正しい解決方法を選択するなら、問題を理解していたと考えられる。つまり「ビデオ映像に示されている個体が特定の結果を**求め**、特定の対処方法をとることで目的を達成することができると**信じている**」と解釈したと考えられるのだ。我々がテストした中でもっとも才能に恵まれていたチンパンジー・サラと、三歳半以上のヒトの子どもとは、常に正しい解決方法を選択した（Premack & Woodruff, 1978）。しかし、三歳半より幼いヒトの子どもやサラより若いチンパンジーでは、そうはいかなかった。かれらは、正しい解決方法の写真ではなく、ビデオ映像中で目立っていた特徴と似たところがある写真を選ぶ傾向があった。たとえば、ビデオ映像中のバナナのように黄色いから黄色い鳥の写真を選ぶ、といった具合なのだ。被験者がこのように、物理的な類似性にもとづいて選択をおこなってしまうと、被験者が問題を理解していると考える根拠はなくなる。さらに言えば、そもそもなんらかの解釈をしているかどうかも分からない。逆に、そのような被験者にとっては、ビデオ映像は解釈不能のイベントで成り立っていることになりそうだ。いうまでもなく、他者に心的状態を帰属しているとする解釈を確立するには、一連の統制条件が必要だ。それも、因果性の解釈を確立するのに必要とされるよりも大掛かりなものが必要になりそうだが、原理的には、科学における仮説を確立する際に必要になる統制条件と変わらないだけのものが必要とされているにすぎない。

因果性の例を挙げた際には、真の（言語による）問いかけがどれほど優れているかを強調した。非言語的な「問いかけ」に多くの解釈の余地がありそうなのとは対照的に、「この違いはどうしておこったの？」という問いかけに含まれる「どうして」という語は、聞き手を唯一の解釈へとみちびいてくれる。言語的な問いかけが、非言語的な問いかけを包み込む曖昧性から身をかわしてゆく様子の、なんて見事なことだろう！　しかし、ここで我々は、ヒトの子どもがどうやって「どうして」ということばやその他の類似したことばを獲得したのかを問わねばならない。どうやって子どもは（他にたくさんあり得そうなもの——一部は、因果性の解釈への非言語的アプローチについて、我々が議論した中で出てきたばかりのもの——ではなく）本来結びつくべき解釈と「どうして」ということばとをうまく結び付けられたのだろう。子どもの保護者がおこなうなんらかの統制が、ありえそうな名づけ間違いにうまく対処してくれているのだろうか。子どもの名づけ間違いに対して親がおこなう具体的な修正が、科学的なテストに不可欠な統制と同じものだと主張する必要などない。両者が互いに異なるものだとする根拠もいくつかある。しかし、最初に言語を獲得する際に、一義的な解釈を確立するにあたっていくつもの統制が必要なのだとすれば、言語での問いかけと非言語的な問いかけとのあいだには、なんと大きな隔たりがあることだろう！　タイミングは、差異の最たるものに思える。選択肢はふたつある。統制条件を、言語獲得の過程で**先に**走らせておくか、**後で**、科学的テストの段階になってからおこなうか。

問いただせないケース

言語的なものであるにせよないにせよ、直接問いただしてアプローチできない生物については、代わりに馴化法を用いることで、刺激条件だけでなく、一定の範囲内ではあれ、その生物がとっている解釈を特定することができる。

例をあげれば、因果性についても、アルバート・ミショット（Michotte, 1963）の研究を利用すれば、同じやり方でテストできる。ベルギーの心理学者であるミショットは、ヒトの成人が因果性を解釈する際の決定要因を確立するために長年研究をつづけてきた。細かい説明は省くが、彼が示したのは、決定要因は空間的・時間的な近接性に他ならない、ということだった。たとえば、あるボールが別のボールにぶつかるのを観察するとしよう。衝突とそれにつづく二番目のボールの運動との間に時間的・空間的な近接性があるならば、ヒトは、一番目のボールを二番目のボールが動く原因となったとみなす。興味深いことに、ふたつのボールの「衝突」を繰り返し見せ、二番目のボールが毎回動いている場合でも、時間的・空間的な近接性が崩されていると、観察者のヒトは因果性を見出さない。現に観察者は、ふたつのボールの関係に因果性があることを否定しさえするのだ。因果性に関するヒトの信念はふたつのイベントが繰り返し連合されることによって起こるとするヒューム（Hume）の仮定は、この発見によっても疑われるわけだが、同じ結果が（大人と違って繰り返し連合するという経験を持たない）乳児でも得られれば、さらにその疑いは深まるだろう。ミショットの発見から示されるのは以下のようなことだ。因果性に関するヒトの信念は、経験の繰り返しによってもたらされるのではなく、特定の視覚的配置を知覚することだけでもたらされる。因果性の知覚を経験するには、この配置を**いちど**目にするだけで十分なのだ。反対にその配置がなければ、ふたつのイベントが結びついていたところで、因果性の知覚を経験することはないだろう。

では、言語を持たない生物たち——ヒトの乳児・チンパンジー、ラット、ハト等々——は、因果性の刺激条件に反応するだろうか。ミショットの発見に従い、対象となる個体に、因果関係のある事例——ヒトの大人が因果性を示す用語で叙述するような配置——を繰り返し、馴化するまで、つまり事例を見る興味を失うまで提示することにしよう。その後二種類の事例を用いて、対象個体の興味を回復させようとしてみる。ひとつめは因果関係のある事例、ふたつめは因果関係がない事例だ（最初に見せた事例からの物理的構成の違いの程度は、どちらの事例についても等しい）。前者では馴化からの回復はほとんどなかったが、後者ではもとの注視時間への回復が見られたとしよう。言いかえれば、ヒトが観察したときに因果性を示す用語で記述するような場面と、言葉をもたない生物が観察しても注視時間が回復しないような場面とが、完全に一致していたとしよう。ヒトが観察したときに因果性を示す用語で記述しないような場面と、言葉をもたない生物が観察すると注視時間が回復する場面とが、完全に一致していたと考えてもいい。それでも「言葉をもたない生物が因果性にかかわる刺激条件に反応している」とはいえないだろうか。

もっとも、これらの結果だけで満足するわけにはいかない。我々が本当に興味を持っているのは刺激条件ではなく、解釈なのだから。それに、たとえばラットがミショット的な設定に反応したとしても、そのラットが帰納にもとづいて驚いたのかどうか——「一度目の前でおこった結末は、もともとの条件が変わらない限り繰り返し起こるだろう」と考えているかどうか——は、馴化テストでは分からない。さらに次のステップへと踏み込んでみよう。ミショット的な設定を崩すような条件をラットに提示するのだ。たとえば、完璧に「衝突」したにもかかわらず、ぶつかられた方はびくとも動かない、というような条件だ。しかしこれで、ラットが物理的な驚きと同様に心的な驚きを示していると言い切れるだろうか。完璧な「衝突」なのに普通の結果があらわれないなどという事態が起これば、見たものは困惑するはずだ。帰納にもとづいた驚きを証明するには、さらなる根拠が必要になる。それまではうまくいっていた「衝突」が失敗すれば、ラットはもっと困惑するはずだ。

ヒトと共通の刺激クラスを持つ種が多く存在することは、ほぼ間違いない。たとえばハトとヒトとは、人物・木・水といった刺激クラスを共有している（Herrnstein et al., 1976）。しかし残念ながら、どこまで深く共有しているのかについては分かっていない。ハトについてもヒトについても、物理分析が部分的にさえまったくおこなわれていないので、これらのクラスに含まれる内容や、それらの結合様式が二種間で同じなのかどうかは分からない（とはいえ、物理分析に向けた有益な試みとしては、Cerella, 1982を見てほしい）。言ってしまえば、表象と現実との関係をハトがどう捉えているかは分からない。ジェーンがハトに「餌をやっている」写真と、ジャックがハトを「殴っている」写真とを見せたとしても、見せられたハトが、本人達に出くわしてすぐにジェーンに餌をねだったり、ジャックを避けたりするだろうか。

また、なんらかの解釈がおこなわれているにせよ、ハトが刺激クラスからどんな解釈を組み立てているのかは分からない。ハトは、人物を知覚したときにはそれに応じた属性、水を知覚したときには別の属性、木を知覚したときにはまた別の属性――どの場合についても、刺激条件から知覚される以上の属性――を心に抱くだろうか。もし答えがイエスなら、ハトは解釈能力を持つ生物であることになる。答えが完全にノーならば、ハトの知識や解釈は否定され、彼らはもっぱら知覚的な生物であることになる。

チンパンジーは上位のクラスを認識している。動物と動物でないものとを弁別し、果物を果物でないものと弁別している（Premack, 1976, p. 220; Wheeler & Premack, 未公刊データ）。しかしここでも、それらのクラスについて物理的あるいは概念的な分析はおこなわれていない。チンパンジーがイヌといっしょに（リンゴでなく）ウマを、バナナといっしょに（イヌでなく）リンゴを置いたとすれば、「一方のカテゴリーに属するものは花から育ち、もう一方に属するものは他の動物の胎内で大きくなる」ということを知っている、というよりは学習することができることになるのだろうか。ヒトがおこなう解釈に反する／反しない場面、たとえば、リンゴの実が木に下がって育つ場面と動物の胎内で育つ場面とをチンパンジーに示すことによって、答えを得ることが、おそらくできるだろう。あるいは、どちらのシークエンスを見せた場合にチンパンジーがよりギクリとしそうか、検討することもできそうだ。一方は「チンパンジーの新生児がコドモになり、オトナになる」というシークエンス、もう一方は「ねぐらがチューリップになり、イヌに変わる」というシークエンス、という具合に。ヒトのレベルと同等の解釈をおこなわないとしても、チンパンジーが予期している内容はなんらかの原則に沿っているだろう。たとえば、「同質の変容」という原則——小さなチンパンジーが大きなチンパンジーになるという方が、リンゴがチンパンジーになるよりも受け入れやすい、といったものだ。さらにこの原則は方向性を持ったもので、「小さいもの」が「大きく」なる方が、「大きいもの」が「小さく」なるよりも受け入れやすいだろう。

ヒトの子どもは、ごく幼いときには、リンゴがウマから産まれてきたり、ウマがリンゴの実のように木に成っていたりしても驚きはしないだろう。しかし、そういった場面が不自然だということに気づくには、適切な知識を獲得しさえすればいい——かれらには獲得する力がある。しかし、チンパンジーが同じような知識を獲得できるかどうかは分からない。おそらくチンパンジーには、植物の成長や動物の発達といった歴史的な経過にもとづいて解釈をおこなうことはできないだろう。かれらにできるのは、感覚の質を予期することにもとづく解釈程度にとどまるのではないだろうか。チンパンジーは、たとえば果物の外観から、中身（果肉、みずみずしさ、種子、甘さなど）を見越すことはできるが、歴史（種子が成長して木になり、花をつけ、その花がオレンジの実になる、等々）を見越すことはないだろう。とはいえ、ヒト以外の生物種に獲得可能な知識に限界があるとしても、その限界を的確に示したり、心のメカニズムとしてあり得そうなものと関連づけて論じたりすることは、現時点の我々にはまだできない。

クラスの包摂と関数解析

ある動物を別の動物と、果物を別の果物とマッチさせただけでは、チンパンジーがクラスの包摂を理解している（そして階層的にまとめられた情報を心に抱いている）と結論づけるわけにはいかない。クラスの包摂において核心となるのは、上位クラスと下位クラスの間にある非対称かつ推移的な関係だ。たとえば、（すべてのオレンジが果物であるように）すべてのウマは動物であるが、逆は真ではなく、（すべての果物がオレンジというわけではないように）すべての動物がウマなわけではない。チンパンジーは、この、きわめて重要な非対称性を理解しているだろうか。理解していてはじめて「チンパンジーがクラスの包摂を理解している」といえるのだ。

もしかしたら、チンパンジーに「ことばで」問いただす――たとえば「？　すべての　オレンジ　果物」（すべてのオレンジは果物か？）および「？　すべての　果物　オレンジ」（すべての果物はオレンジか？）と尋ねる――ことで片がつけられるかも知れない。これらの質問をするのに必要な語はすべて、チンパンジーにとって獲得可能なものなのだから。例をあげれば、チンパンジーは数量詞を学習することができる。四つのアイテムからなるセットを、たとえば「ひとつ　クラッカー　四角」（四つのクラッカーのうちひとつは四角い）、「全部　クラッカー　四角」、「いくつか　クラッ

カー　四角」（ひとつ以上のクラッカーが四角いが、全部ではない）、「ない　クラッカー　四角」というように叙述できる（Premack, 1976, p. 268）。さらにチンパンジーは、クラスに属する個々の名前はいうにおよばず、「果物」「キャンディ」というクラスの名前も学習することができる（Premack, 1976, p. 228）。しかし残念なことに、クラスの包摂（あるいは他のあらゆるトピック）に関する質問に答えるには、先に述べたような質問を構成する個々の語を理解しているだけでは不十分なのだ。

チンパンジーが質問に答えられなければ、そのチンパンジーはクラスの包摂を理解していないと結論づけていいのだろうか。それとも、そもそも質問がうまく構成されていない可能性を考慮する余地があるだろうか。もっとシンプルな質問に変えれば、チンパンジーは答えられるのだろうか。もっとも、こういった可能性にこだわっている訳にもいかない。というのも私には、これ以上質問をシンプルにする方法を思いつけないからだ。質問に置き換えられるような非言語的な手続きも、思いつかない。

私が理解する範囲では、上位クラスと下位クラスの非対称的な関係を示す非言語的な事例を組み立てることは不可能だ。非言語的なやり方で示すことができるのはせいぜい、チンパンジーが物体をかなり抽象的なレベルでも分類できること――たとえば、リンゴとリンゴを、果物と果物を、食物（食べられるもの）と食物を並べられること――くらいだ。しかし当のチンパンジーは、食物は果物を包含するが、果物は食物を包含しないということを理解しているのだろうか。残念ながら、上位レベルの分類が可能であったとしても、下位レベルの分類が可能であることを示す以上に、クラスの包摂を理解していることが示せるわけではない。

さいわい、クラスの包摂を脇におけば、それに劣らず深遠な知識の様相についても非言語的に表現することが可能かも知れない。たとえば関数解析を考えてみよう。行動はある側面においては外的条件によって引き起こされる、いいかえれば、外的条件の関数であり、その外的条件の強度によって行動の強度も変化する。イヌが骨を埋めるという、シンプルなケースを考えてみよう。この行動の持続時間はいくつかの条件――おもに、イヌの活動性や地面の硬さ、骨の大きさなど――によって変わってくる。イヌ自身は、このことを理解しているのだろうか。問題解決をおこなう際に、イヌは知識を利用することができるのだろうか。

イヌは、これまでにもたくさんの骨を埋めてきた。いつもうまくやってきたと考えていいだろう。イヌは、埋める骨の寸法に合った穴を掘る。大きな骨を小さな穴に押し込もうとはしないだろうし、小さな骨のために大きな穴を掘るような無駄なこともしない。またイヌは、土をかき寄せる回数を決めているわけではなく、土の量を調節することで、適切に穴を埋めることもできる。これらのことから、イヌは（反射優位の種ではなく）かなり順応性のある種であり、変化する世界にうまく適応できているといえる。しかし、だからといってイヌが骨を埋めることについて関数解析をおこなっているかどうかは分からない。「活動性と地面の固さとが一定である場合、骨を埋めるのにどのくらい時間がかかるかの決定因は骨の大きさである」。イヌは、関数解析をおこなったヒトのように、このような理解をしているのだろうか。さいわい、非言語のテストを用いて答えを得ることができる――「さいわい」、というのは、イヌに話しかけることは金輪際できそうもないから。

おなかを空かせたイヌをひもにつないで、観察者役にする。別のイヌ二匹が骨を埋めているのを観察させるのだ。観察者のイヌには、埋められる骨以外はすべてが観察可能だ。たとえば（ほぼ同じ大きさの）イヌが二匹、ほぼ同じ速さで（実際、ペースを合わせて）地面を掘っており、かき出される土の量も同じ。しかし、一方のイヌは、骨を埋め終えるのにもう一方の二倍の時間をかけているのだ。二匹ともが作業を終えて立ち去った後で、おなかを空かせた観察者を放すことにしよう。観察者は、どこに行くだろうか。一方の掘り手が相方の二倍の時間働いていた場所に、迷うことなく向かったとしよう。それも、一回限りのことではなく、掘り手のイヌや時間、場所などを様々に変化させても常にそうだったのだ。しかし、そのような結果が得られたとしても、イヌが関数解析をおこなっているとは言えそうにない。もっとはっきりと結論を裏付けるには、別のテストを用意した方がよさそうだ。

4　言語が抱える非言語的要素への依存性

この章では、「ヤギとウォール街」並みにかけはなれたトピックをふたつ、見ていくことにしよう。そのふたつ——時間弁別と情動——が、なんでまた同じ章に？　言語に関連して、両者にはある共通点があるのだ。どちらも、言語にとって本質的な要素とはいえないものの、言語に関わっているのである。時間弁別は、言語が依存するだろう成分のひとつだし、情動は、言語との関連について不明な点も残る複雑な過程といえる。

時間的順序

ヒトの言語のレシピは、恐竜シチューのレシピのようなものだ——長く、雑多で、どうしても少々漠然としている。例を挙げよう。「コミュニケーションをおこなう性向／音を真似する能力／

学習し、対象と事象のクラスにラベル付けをして相互を関連づけるだけの知性／記号の順序の違いへの感受性」。我々のレシピをジョージ・ミラー（Miller, 1983, p. 31）から借用すればこうなるだろうし、他の専門家（たとえばHockett, 1960）から借用すれば材料は少し違ってくるだろう。さらに、ヒトという種のユニークさ――ミラーに言わせれば「どう考えたってあり得ないような進化上のアクシデント」――を示すしるしとして、専門家の多くは、個々の材料自体ではなくそれらの組み合わせに着目している。音韻論のレベルでは、ヒトだけに限らない材料の顕著な事例として、内耳の構造が挙げられる。この構造によって音のカテゴリカルな弁別が可能になっているのだが、ヒトだけでなく、チンチラ（Kuhl & Miller, 1975）やアカゲザル（Waters & Wilson, 1976）も共通の構造を持つことが示されている。

実際のところ、ヒト言語のレシピにおいてチンパンジーはどのような位置にいるのだろう。調べてみたら、レシピの材料の多くがチンパンジーには欠けていることになるのだろうか。もしそうならば、チンパンジーに言語がないことは「ある一定のレベル――多かれ少なかれ、レシピに並んだ材料の数に対応したレベル――の知性によって言語がもたらされる」という見解を支持することになりそうだ。しかし一方で、チンパンジーがレシピに並んだアイテムをことごとく備えているにもかかわらず言語は備えていないというのであれば、採るべき見解はかなり変わってくる。

この章では、ある材料、ミラーの言う「記号の順序の違いへの感受性」に目を向けることにしよう。時間的順序の弁別ができないことを根拠にして「ヒト以外の生物に言語が備わっていない」と主張する研究者（Hebb & Thompson, 1968）がいるほど、「順序の弁別・特に時間的順序の弁別はヒトに特異的な能力だ」と長い間考えられてきた。順序のみが異なる語列間の弁別、たとえば「赤色～の上　緑色」と「緑色　～の上　赤色」との弁別（Premack, 1976, p. 107）が可能なことから、チンパンジーには順序の弁別が可能であることはすでに分かっている。しかし、これは空間的な順序に限ってのことだ。チンパンジーには時間的順序の弁別も可能だろうか。可能だとしたら、両者はどのように違うのだろう。さらに、時間的順序・空間的順序のどちらも弁別できたとしても、一方から他方へ――すなわち、時間の順序から空間へ、空間の順序から時間へと――変換することは可能だろうか。できるとすれば、どのくらい大変なのだろうか。最後に、チンパンジーの順序弁別能力は感覚レベルに限られたものなのか、それとも概念レベルでも順序の弁別は可能なのだろうか。この一連の問いに答えていく上で我々は、チンパンジーに備わった、順序を解析する資質全般について述べる。もし言語に関わる因子がチンパンジーに備わっていたとすれば、順序を解析する素質は、そのような因子と連携する上で有用なものと考えられるだろう。

我々は、文章、すなわち意味を持った語の組み合わせでなく、色紙を切って作った無意味な要素から成るシークエンスについてサラをテストした。無意味な要素は、六種類のかたちと四種類の色との組み合わせで、計二四種類を作成した。これらを用いて三要素からなるシークエンスを構成し、水平に――最初にあるシークエンスを、次に疑問辞を、それから第二のシークエンスを――提示した。いうまでもないことだが、ふたつのシークエンスは同じ三要素からなり、（互いに異なる場合にも）順序だけが異なるものだった。シークエンスはビデオ録画され、テレビモニターを通してサラに提示した。サラがこなすべき課題は、すでに獲得している「同じ」「異なる」というプラスチッ

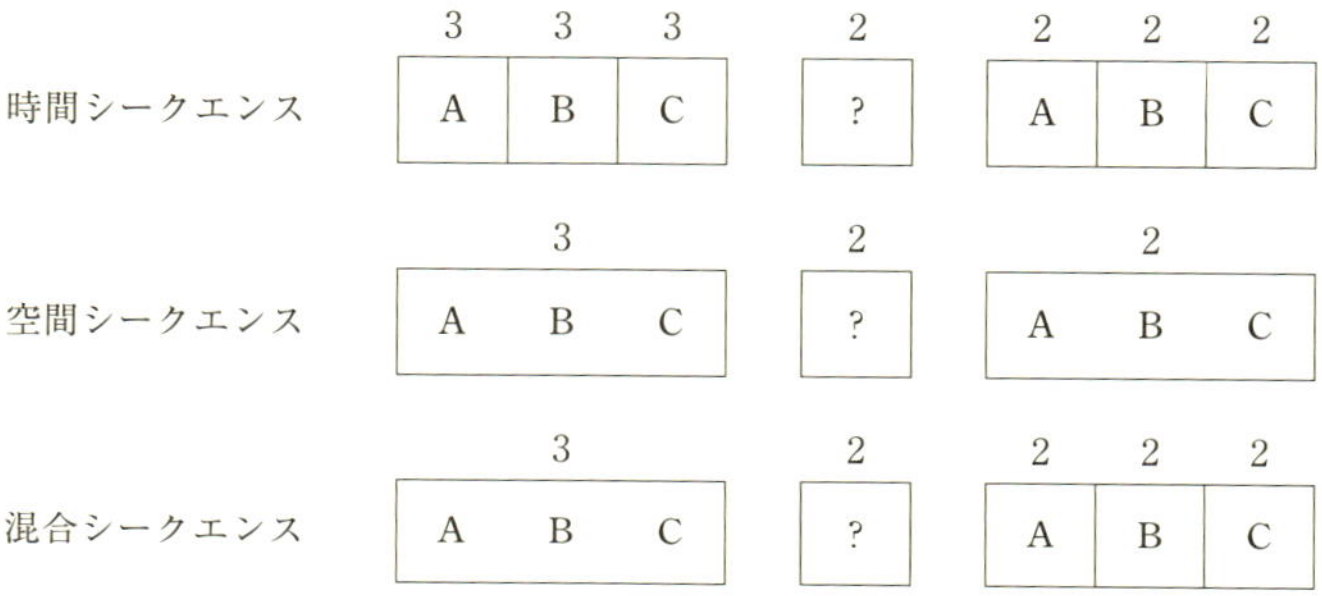

図1

ク語を用いて、ふたつのシークエンス間にある順序の異同を判断するというものであった。

時間的順序の弁別能力がサラにあるのかをテストするために、我々は、図1に示したとおり、それぞれのシークエンスの要素を順番に提示しては消していった。すべての要素が、モニター上の同じ位置に提示されたのだ。第一シークエンスの要素はそれぞれ三秒間ずつ提示され、第二シークエンスの要素は二秒間ずつ提示された。両シークエンスの間には疑問辞が二秒間挿入された。この提示方法は、順序に関してはいかなる空間的情報も持たない——順序は、まったく時間的なものになる。第二シークエンスの最後の要素がモニターから消えてから「同じ」「異なる」のプラスチック語が与えられ、サラは、どちらかの語を指定された場所に置くことでふたつのシークエンスに関する判断を下した。

これも図1に示してあるが、空間的構成に関しては、シークエンスは継時的にではなく同時に提示される。まず、第一シークエンス全体が三秒間提示される。それが消えてから二秒間疑問辞が提示され、さらに疑問辞は第二シークエンス全体と置き換わって（二秒間）提示される。この場合も、第二シークエンスが消えてから「同じ」「異なる」のプラスチック語が与えられ、サラは、それらの語を先ほどと同じように使用するのだ。以上に述べた二種類の試行は（後で述べる第三の試行もそうなのだが）同じセッション内でおこなわれ、試行順序はカウンターバランスされた。

時間・空間のどちらについても、サラの正答率はチャンス・レベルより十分に高いものだった。時間の場合では四二試行中三二試行、空間の場合は四二試行中三四試行が正解だった（どちらの場面についても $p < .001$）。提示時間や遅延時間が異なるにもかかわらず、つまり、どちらかが有利だったり不利だったりする場合があるにもかかわらず、サラの正答率は時間・空間のどちらでもほぼ同じ、七八％前後だった。

時間的順序と空間的順序のどちらについても判断を下せることを前提におけば、サラは一方の順序を他方へと変換できるのか、もしできるとすれば、どのくらい負荷がかかるのか、といった点をあきらかにすることが興味深い問題になってくる。この問いに答えるには、第一シークエンスを継時的に、第二シークエンスを空間的に（あるいはその逆）提示しさえすればよかった。全試行のうち半分では第一シークエンスが時間的、第二シークエンスが空間的なもの、もう半分ではその逆にして、試行間でカウンターバランスをとった。このようなかたちで八四試行をおこなったところ、サラの正答数は五七試行（$p < .001$）であり、「時間‐空間」条件と「空間‐時間」条件とにはごくわずかの差しかなかった。このようにチンパンジーは一方の順序を他方へと変換できるが、まったく負荷がかからないわけではない。時間と空間が混合された／変換を要する場合の正答率は、つねに、混合のない場合の正答率よりも一〇％程度低かったのだ（Premack & Woodruff, 準備中）。

ということは、チンパンジーには時間的順序・空間的順序のどちらも弁別可能であり、若干の負荷はかかるものの、一方を他方へと変換することもできることになる。これらの結果は、順序のみが異なる語列に応じて反応を分化させることがチンパンジーに可能であることを立証した初期の「言語プロジェクト」の成果とも合致する。しかしこれは、物理・知覚レベルの順序についての結果でしかない。「チンパンジーに概念レベルでの順序が扱えるか」という点こそが問題になる。これをあきらかにするにも様々な方法がある。

例を挙げよう。我々の知識が果物に関するチンパンジーの心的表象に対応するとすれば、果物の一部――種子・果柄・色を示すパッチ・輪郭など――からなるシークエンスを組むことができるだろう。あるシークエンスが「種・色・切った果実」からなり、もう一方が「輪郭・果柄・味」だったとしよう。こなすべき課題は、ふたつのシークエンスの順序が同じか違うかを判断することだ。両者は物理的にはあきらかに異なるが、一瞬考えた後で我々は「同じ」と判断することになる。というのも、どちらのシークエンスも順に「リンゴ・バナナ・ミカン」だからだ。基本的に同じたぐいのシークエンスを、果物でなく衣類でつくることもできる。たとえば、「手袋・帽子・靴／？（疑問辞）／ネクタイ・コート・シャツ」といったように。ここでは、身体とその一部のような、他人に譲渡不可能なものではなく、個人とその持ち物のように、譲渡可能なものを使うことにしよう。衣類と、それを身に付けている個人をよく知っているならば、物理的な差違は無視してシークエンスを「同じ」、つまり、「トム・ディック・ハリー／？（疑問辞）／トム・ディック・ハリー」と判断するにちがいない。

我々が、実際にサラに提示した概念的シークエンスは、また違うタイプのものだった。例を挙げれば、「LL・GG・XY／?（疑問辞）／AA・BB・CD」というようなもので、個々の文字は、サラが十分に慣れ親しんでいる、一般的な家庭用品をあらわしている。提示されるシークエンスはどちらの場合も「同じ・同じ・異なる」なので、この質問への答えは「同じ」になる。シークエンスの要素を少し並べなおして、たとえば「LL・GG・AA／?（疑問辞）／XY・BB・CD」にすれば、答えは「異なる」になる。第一シークエンスは「同じ・同じ・同じ」であるのに第二シークエンスは「異なる・同じ・異なる」だからだ。サラはまずまずの成績、正答率七九％でこのようなテストにパスした。しかし、すぐにパスできたわけではない。サラがなんとかこのテストにパスできるような条件を探し出すのには、かなりの試行錯誤を要した。その条件とは、感覚的・物理的レベルの順序に関する条件よりもかなり厳しく、以下のようなものだった。「空間的順序であり、シークエンスがふたつとも同時に提示されること（これによって、サラはシークエンスを覚えなくてすむ）、そして、ビデオ録画ではなく実物を要素として用いること」だ。訓練を重ねることで、サラがより一般的な条件にも順応することは（十分に）ありそうだ。しかし少なくとも、これらの制限つきの条件で、サラは概念レベルの順序の弁別に成功し、七九％という、感覚レベルでの順序弁別に匹敵する成績を納めたのだ。

チンパンジーが言語におけるミッシング・リンクではない、中間的な言語を備えた種ではないのはなぜなのかをよく考えてみても、それは、言語を生み出す上で連携すべき能力のひとつを欠いているから、ではありえない。むしろ、順序に関する能力は十分に備わっているにもかかわらず、チンパンジーには言語がないのだ。このような能力をさらにリストに加えていくことで、「言語は、個々の能力をただ都合よく組み合わせてできたものではなく、それ自体独立した能力なのだ」という主張の正当性を支持することができるだろう。もちろん、このような主張の正当性を立証するには、まだ道は遠い。ここで紹介した研究は、この種の議論を高めてゆくにはなにをすべきかについて、ある程度の示唆を与えるものだ。

情動と語

ヒトの情動と言語とのつながりに関する我々の理解は――ヒトの情動に関する我々の理解が不十分なこともあって――ひどく不完全なものだが、両者のつながりの強さは疑いがない。それどころか、つながりがあまりに強いために、我々は当てにならない警句でその本当の強さを隠そうとさえするのだ。例を挙げれば「棒や石が私の骨を打ち折っても、その名前が私を傷つけることは決してない」ということば以上に無意味なたわごとがあるだろうか。体に傷を負ってベッドでうなっている人が十人いれば、何百という人々が、激しい叱責やその他のことばによって与えられた傷に憤然としながら、だまって街を歩いているというのに。ヒトの語や文によってもたらされる深い痛みやこの上もない喜び（意中の人から「愛してるよ」と言われたらどうなるか、考えてもみてほしい）は、言語と情動とがいかに深く結びついているかを示している。

言語訓練を受けたチンパンジーの情動と学習した語との間にも、同様の結びつきはあるのだろうか。語や文はチンパンジーに（ヒトでは大いにそうなのだが）、非言語的にもたらされるのと同じような情動を喚起させるのだろうか。議論を急ぎすぎるようだが、仮に答えが「イエス」だとしたら、チンパンジーに備わっている初期段階の統語構造は、我々が現在考えているほど重要なものだとはいえなくなるだろう。自分たちのシステムと他のシステムとが似ているかどうかを判断するために用いる基準は、必ずしも統語構造に反映されているとは限らない。もしも、実験室にきた我々にチンパンジーが「おはよう！　朝ご飯なに？」と挨拶してくれたなら、そこに埋め込み文が欠けていることなど見過ごしてしまいたくもなるだろう。月で出会った生物の能力を我々が評価するにしても、同じようなことがいえそうだ。我々が近づいたときにその生物が、公文書とおぼしきものを読み上げて「……ノ代表トシテ、ココニ歓迎申シ上ゲル…」と言ったとしたら、わたしたちに対する彼らの好意は、「ヨゥ！　ソノピカピカシタボタンノ服、ドコデ買ッタンダイ？」と言われたのとは比べものにならないくらい少ししか、感じ取れないだろう。しかし残念ながら「誰かが我々にどのくらい好意をもっているか」の目安となる、統語構造にあらわれないような基準のすべてが完全に明確になっているわけではない。一方で、情動を生起させ表出する言語の能力は、少なくとも部分的には明確なものといえる。

非言語の社会的ジェスチャーを手がかりに、言語と情動の研究に乗り出すことにしよう。この種のジェスチャー——脅迫・勧誘・なぐさめ、など——は、情動をひきおこす重要な要因だ。ある種の一瞥が相手の頬を期待で赤らめさせるように、また別の一瞥は、冷たい恐怖のショックで胸を締めつけ、相手を逃げ出させる。こういったジェスチャーによる操作が可能な情動をまず確定できれば、その情動が言語的なやり方でどの程度再現可能かを問うことができる。しかめっ面や振り上げられた拳、ほほえみ、突き出された舌に置き代わるような文は存在するのだろうか。もちろん、逆の場合も無視できない。というのも、一方にだけより強い等価性を想定する理由はどこにもないからだ。たとえば、ほほえみに匹敵する効果を持つ言語のユニットなどない一方で、どんなほほえみや非言語ジェスチャーの組み合わせも、一編の詩に匹敵するほどの効果は持ち得ないかも知れないのだ。

チンパンジーは、社会的ジェスチャーの影響をどの程度受けるのだろうか。最近おこなわれた実験（Woodruff & Premack, 1979）――それ自身は情動に直接関わるものではなく、うそやあざむきに関するものだったのだが――から、この問いに関する情報を得られそうだ。基本的な実験状況は、チンパンジーはどこに食べ物が隠されているか知っているが、自分では手が届かないというものだった。手に入れるには、トレーナーに場所を「知らせる」しかないのだ。トレーナーは逆の状況にあった。彼らは自由に動き回ることができるものの、どこに食べ物が隠されているかは知らないのだ。トレーナーは、隠し場所から隠し場所へと歩き回り、チンパンジーの送るサイン――めくばせや、ぎょっとしたり、ロッキングしたり――が、食べ物のありかを明かしてくれるのを待ち受ける。親切なトレーナーがうまく見当をつけて食べ物を見つけてくれれば、チンパンジーはその食べ物を受け取れる。しかし不親切なトレーナーが相手だと、食べ物をひとりじめにしてしまうトレーナーをほくそえませるだけになってしまう。

以上が背景だが、チンパンジーがどれほど強く社会的ジェスチャーの影響を受けるのかを十分に認識するには、実験をひっくり返してチンパンジーにトレーナー役をやらせ、トレーナーにチンパンジー役をやらせなくてはならない。役割が逆になった場合、チンパンジーには食べ物がどこにあるか分からず、その場所を知らせてくれるトレーナーをあてにしなくてはならないことになる。トレーナーはコンテナを指し示したりして、チンパンジーに手を貸してやる。当然ながら、親切なトレーナーは食べ物入りのコンテナを指すが、不親切なトレーナーは食べ物の入っていないコンテナを指すのだ。

ここでのトレーナーの指さしは、チンパンジーの行動を強力に操作することになった。親切なトレーナーの指さしに、チンパンジーは最初から簡単に従うことができた。しかし同時に、不親切なトレーナーの指さしにも屈してしまったのだ。多くの試行を重ねてやっと、チンパンジー四個体のうち二個体は偽りのジェスチャーを克服し、指されて**いない**コンテナを取るようになった。しかし、残りの二個体がこの段階に達することはなかった。残りの二個体がおこなった精一杯のことは、ある基準に達するまでずっと反応しないことであった。その基準とは、我々実験者が不親切なトレーナーを立ち去らせる、つまり間違った方を指している腕を排除するためのものだった。その後ならば、チンパンジーたちは食べ物が入っていることをずっと知っていたコンテナを、自由に取ることができたのだ。

コンテナを指している親切・不親切なトレーナーの腕を二本の矢印（赤色は「本当」・緑色は「嘘」）に置き換えて実験を仕上げることは、残念ながらできなかった。認知的には初歩といえるこの課題をチンパンジーたちが解決する、つまり、「食べ物を指す赤色」と「何も入っていないコンテナを指す緑色」とを弁別できるようになるには、何十試行くらいかかるのだろうか。あるいはもしかしたら、もう少し長くかかるかも知れない。間違った方向を指している腕の支配力から逃れるのにかかる数百試行ほどではないだろうが。

方向を指し示す腕が社会的ジェスチャーとして強力であるのに対し、矢印は、我々の推測では、単なる情報としてのわずかな力しか持たないと考えていいだろう。この両者をつなぐどのあたりに、言語が当てはまってくるのだろう。方向を指し示す腕を、矢印ではなくたとえばプラスチック語で記述した「赤色の缶を取れ」や「緑色の缶を取れ」に置き換えると、その言語的な指示が持つ効果は「矢印並み」になるのだろうか、それとも「腕並み」になるのだろうか。語は、社会的ジェスチャーのように情動的な力をもつのか、それとも、矢印のように情報としての力しか持たないのだろうか。

つねにという訳ではもちろんないが、ヒトの言語は社会的ジェスチャー並みの効果を発揮する場合がある。プラスチック語が同じような効果を発揮する文脈を見出すことは可能だろうか。この問いは、言語的能力を評価するまた別の基準をはっきりさせてくれるものだ。言語は、統語論や意味論だけで成り立つものでもなければ、標準的な語用論の予想システムだけで成り立つものでもない。そこには社会的操作能力も含まれる。言語が、ヒトの社会的‐情動的システムとつながりから引き出してくる能力だ。チンパンジーにも、社会的‐情動的システムは備わっている――長期の愛着関係を形成し、怒りにまかせて争い、触れあうことで落ち着き慰められる。しかしかれらが、ことばで慰めたり慰められたり、罵ったり罵られたりということはありうるだろうか。チンパンジーがヒトのように「……しかしプラスチック語が私を傷つけることは決してない」なんて気障を吐いたりするだろうか。

我々はまだ、プラスチック語を使ってチンパンジーの情動を誘導したことはないのだが、プラスチック語を使いながらチンパンジーが情動を表出するという、逆のケースはなんどかあった。どのケースも些細なもので、単純でさえあったが、単純だからこそヒトにおける情動と言語の結びつきの複雑さを劇的に示すものだった（この複雑さを描き出そうとした最近の試みとしては、ウィリアム・レイボフ（William Labov）の未公刊論文を見よ）。

情動表出の事例として我々が知っているのは、他個体になにかを差し出すように求める文章に対したときのサラの反応に関するものだ。サラは、「メアリー　あげる　サラに　リンゴ」と書く方を、「サラ　あげる　メアリーに　リンゴ」（自分では決して作らないタイプのメッセージだった）を引き受けるよりも好んだ。そのような「文」を提示されると、サラはいくつかの反応——多くは非言語的なもの——を示した。例をあげると、ボードからその文を取り去ることもあった（ぶっきらぼうに払いのけることもあったが、基本的には穏やかに取り去っていた）。「言語的」と言える反応もひとつだけ見せたことがある。彼女は、「サラ　あげる　メアリーに　リンゴ」をボードにおいたまま、要求に応えるのではなく、作業台上の刻んだリンゴ片ひとつひとつに自分の名前——サラを示すプラスチック語——を押しつけた（Premack, 1976）。

サラはあきらかに、情動とプラスチック語の利用とを結びつけたのだ。情動はどの程度厳密にプラスチック語と結びついているのだろう。ひとつの語に統語規則の余地はほとんどないので、統語論的な結びつきではありえないし、意味論的な結びつきでさえもありえない。少なくともそう名づけられたチンパンジーが使う限りは、「サラ」は軽蔑語ではない。

プラスチック語と情動とを結びつけている要素は三つあるが、そのどれもが、言語固有とはいえないものだ。（1）位置：ふつうチンパンジーは、使用するプラスチック語をライティング・ボードに張り付ける。リンゴのようなモノに張り付けはしない。（2）強さ：語は切り分けたリンゴにちからいっぱい「押しつけ」られた。（3）反復：ちからいっぱいの行動は何度も繰り返された。ひとつめを除けばこれらの要素は非言語的なものであり、情動の存在を示唆している。プラスチック語に関連してそれらの要素があらわれるのは、叫んだり、話を繰り返している様子を彷彿とさせる。

チンパンジーで見られる情動と語との結びつきは、ごく初歩的なものにとどまっているようだ。チンパンジーは、書いた詩に埋め込み文が含まれないだけのもうひとりの詩人というわけではないのだ。これまでに十分考慮した可能性に反して、チンパンジーの言語能力を測る上でのいくつかの基準ごとの差違は見られなかった。情動を言語的に表現する能力は、統語論的能力・意味論的能力と同様、チンパンジーでは初歩的な段階にとどまっているようだ。

5　言語のミッシング・リンク

数年前デイビッド・マクニール（David McNeil, 1974）は、チンパンジー・ワシューの発話記録だと彼が考えていたものを検討していて、すべての発話に共通するシンプルな規則を発見したと確信した。要求の受け手（の名前）はかならず、要求をおこなっている者（の名前）の前にきていたのだ。たとえば「ロジャー　ワシュー　くすぐる」――おそらく、ワシューをくすぐれというロジャーへの要求だろう――においては、要求の受け手「ロジャー」は要求者「ワシュー」に先行している。同様に「与える　あなた　ワシュー　バナナ」・「あなた　与える　ワシュー　バナナ」・「あなたバナナ　与える　ワシュー」においては、要求の受け手「あなた」はつねに、要求者「ワシュー」に先行している。しかし、残念ながらマクニールによる賢明な提案は、ある仮想の発話記録だけにあてはまっていたと考えなくてはならない。ガードナー夫妻は、ワシューの手話の意味や印象だけを記録しようとしていて（Gardner & Gardner, 1971）語順は記録しなかったため、ワシューの実際の発話記録は、どうやら存在しないのだ。しかし、我々の狙いからすれば、仮想の発話記録も実際のものと同様に有用だ。我々が興味を持っているのは発話記録そのものではなく、マクニールのアイディアなのだ。

このアイディアの興味深い点は、言語の中間形態を例示していることにある。我々みんなが痛感してきたとおりだが、言語の中間的形態は自然には存在せず、つつましい鳴き声システムと非凡なヒト言語のあいだには、なにもない。語順に直接マップされた単一の意味論規則というマクニールの提案は、中間的システムとしては「ありうる」ものだ。彼の提案は、あらゆる中間的システムに想定されざるを得ない奇妙さを、はっきり示してくれるだろう。たとえば、マクニールの想定したシステムでは、話者は、対象（バナナ）・動作（くすぐる）・ものの属性（赤い）といった、あらゆるアイテムの名称を知っているが、それらには規則は適用**されない**。要求者・要求の受け手を指し示す語には規則が適用され語順があらわれる一方で、要求者や要求の受け手を指し示さない（対象・動作などを指し示す）語は、規則に束縛されることなく、文の中を自由に移動できるのだ。その上、話者は、要求者－要求の受け手という関係をまったく持たない文を生成できる。「私は子猫が好き」「リンゴは赤い」「ボブはどこ？」というふうに。しかし、そうだとしても、この種の「文」には語順はまったく見られない。適用すべき規則がないからだ。

もしこのことを奇妙に感じるとしたら、それはそもそも、ヒトの言語が奇妙なものだからにすぎない。ヒトが持つすべての語彙は統語規則の支配下にある。語彙クラスによって規則に束縛されたりされなかったり、ということはない。また、トピックごとに文法の支配下にあったり（つまり、文章がうまく組み立てられていたり）まだ文法の支配がおよんでいなかったり（文章がうまく組み立てられていなかったり）、などということもない。おそらくヒトの言語は、言語の発達における最終段階にある。もっと初期のシステムでは、文章の組み立て規則は、ごく一部の語やトピックにのみ適用されていたかもしれない。

言語を統語規則ではなく「格"case"」にもとづいて捉えるという意味論的言語の立場は、系統発生よりは個体発生における可能性を論じるものとしてではあったが、一時期は注目をあつめた。子どもの最初の、あるいは初期の言語が先ほど述べたようなものであることはしばしばで、名詞句・動詞句といったものよりは行為者・受け手といったカテゴリーにもとづいている。この章で私は、言語のミッシング・リンクにかかわる幅広いトピックをあつかい、先に述べたことの特殊なケースとして、チンパンジーにおける意味論的言語の可能性を論じたい。マクニールは、チンパンジーが物理的関係よりも社会的関係において優れていること、つまり、ワシューが物理的関係についての規則ではなく要求者／受け手についての規則を生成したことにもとづいて、彼が仮定した規則の確実性を強く主張した。しかし実際のところ、これがチンパンジーの描写として適当かどうかは疑わしい。チンパンジーがおこなう物理的世界への操作と社会的世界への操作とはかなり類似しており、マクニールが提案したような「溝」を裏付ける証拠はないのだ。しかし、だからといって、チンパンジーの意味論的な概念構造が存在しないと考える必要はない。意味論的概念はあきらかに、社会的関係と同様、物理的関係にもとづいている。

意味論の領域においてチンパンジーの能力はどの程度で、それは、ヒトの子どもと比較してどのくらいのものなのだろう。心理言語学者が、意味論および言語一般における子どもの能力と捉えているものに関する最近の知見を考慮して、問いを拡張してみよう。ブルーム・スロービン・バウアーマン（Bloom, Slobin, Bowerman）らの研究をふまえてグライトマンとワナー（Gleitman & Wanner, 1983）が提示した案は、子どもの初期言語がどのようなものかについて現時点で最も納得のゆく視点、つまり、子どもが言語を獲得するのを可能にしてくれそうな属性にもっとも迫っているといえそうだ。

グライトマンとワナーによる説明は、音声言語を処理する装置が子どもに備わっていると想定することからはじまる。語や句はそのまま提示されるわけではなく、発話の流れに埋め込まれているので、強調された要素（単語）やイントネーションのパターン（句）の検出装置が子どもに備わっていると考えるのだ。チンパンジーには、種特異的な音声に対応する同様の検出装置があるのだろうか。メーラーらによる最近の報告は、音節構造を持つ音響刺激と持たない刺激とではヒト幼児が異なる反応を示すことを示している（Mehler et al., 1981）が、このことも、よく似た問いを投げかけてくる。このような反応の違いは音声言語に固有のものなのか、それとも、我々とよく似た内耳の構造を持つヒト以外の種でも検出できるような音響上の相違によるものなのだろうか。このような検出器がチンパンジーに備わっていなかったとしても、人工のプラスチック言語を獲得する能力には、もちろん、なんの支障もない。プラスチック言語の場合、語は音響的な事象ではなく物体で構成されており、この場合、あると便利そうなものは強調成分の検出装置ではなく、物体の概念（類人猿がこの概念を備えていることはほぼ間違いない）だ。さらに、プラスチック言語では、句を識別することもたやすい。（「ミドリノウエニアカナラバサラトルリンゴ」ではなく）「緑／の上に／赤／ならば／サラ／取る／リンゴ」というように、語からなる複雑な記号列の構成要素は、つねに分割されている。

グライトマンとワナーが次に想定した装置は、概念構造と言語を対応づける装置だ。子どもは、異なる語は異なる概念として取り扱おうとする。実際のところグライトマンらが想定したのは述語論理であり、子どもは語を、述語・独立変数・論理記号のいずれかとみなすと考えたのだ。この子どもが、個々の語を述語であり独立変数でもあるとみなしたり、独立変数かつ論理記号とみなしたり（等々）することはない。

私自身は、同じような装置をチンパンジーに想定する理由もなかったので、語と概念との一対一対応ができるだけ効率的に形成されるような方法でチンパンジーを訓練した。私は、ときには論理記号も含めたが、おもに述語と独立変数とが都合よく連結することで記述できそうな外的条件を整備し、記述に必要な記号のそれぞれに対応するプラスチック語を、ひとつずつ導入していった。「（プラスチック語の）記号列にはつねに、疑問詞によって示される未完成のスロットがあった。……新しく導入した語が述語であれば、ふたつの独立変数はどちらもすでに分かっているものだ。……逆に、新しい語が独立変数のひとつであれば、述語ともうひとつの独立変数はすでに分かっているものなのだ」（Premack, 1983）。つまり、語と概念間のマッピングをおこなうことができる方法は、ふたつのうちどちらか、生得的にマッピングが可能な「生物を生み出す」こと（グライトマンとワナーは、子どもはこういうものだと考えている）、あるいは、学習能力を持つあらゆる生物に適用するのであれば、理解可能な概念を認識可能な語にマップできるような手続きを開発することだ。子どもは、どのように世界を解釈しているのだろう。ルイス・ブルームが示した、子どもの自発的発話に関する見事な記載をもとに、グライトマンとワナーはこう結論づけている。

もっとも初期の二語発話においてさえ、発話を構成する語の順序が発話文脈にかかわらずに解釈されるということは、語順は、術語項（命題）構造の中で**動作主格・道具格**などといったなんらかの主題的役割を果たしていると受けとめられているようだ……。子どもが、自分を取り巻く風景や出来事に対する命題論理的解釈を備えた上で言語学習に取り組んでいることは、ほぼ間違いない（Gleitman & Wanner, 1983, p. 14）。

チンパンジーについても同じようなことが言えるだろうか。このようなことがヒトの子どもについて言えるのは、主として、子どもの自発的発話に基づいておこなわれた見事な解釈（たとえば Bloom, 1973）を根拠としている。チンパンジーについては、自発的発話に根拠を求めるわけにはいかず、実際の行為を分析して根拠を求めることになる。

行為は結局のところ、あらゆる意味論的差違――行為者格・対象・受動者・道具、その他あらゆるもの――の源泉だ。人々はまず現実世界の中でふるまうのであって、文の中でふるまうのではない。人々は対象に、あるいは互いに働きかけるが、そこで道具を用いたり、用いなかったりする。二者関係のこともあれば三者関係のこともあり、やりとりになる場合も、ならない場合もある、等々。格文法上の差違を認め、それを用いて言語を組織化するのであれば、まずなによりも、このような差違が行為においても存在することを認識できなくてはならないのだ。チンパンジーには、こんなことができるのだろうか。

長期間にわたっておこなった一連のテストから我々は、ある行為の概念を任意に視覚化して説明したものをチンパンジーが理解できることを示してきた。単純な物理的行為は「初期状態にある対象物・道具・変化が加わった後あるいは最終状態にある対象物」の三つの要素からなる系列であらわすことができる。たとえば、「切る」という行為は、「まるごとのリンゴ・ナイフ・切れたリンゴ」であらわせるし、「濡らす」という行為は「乾いたスポンジ・容器に入った水・濡れたスポンジ」、「描く」は「白紙・筆記用具・なにか描かれた紙」で、それぞれあらわすことができる。この種の表記法において道具か最終状態にある対象物の項が欠けたものが提示されると、言語訓練を受けたチンパンジーはつねに、表記法を適切に完成できる選択肢を選んだ（Premack, 1976, p. 251, 1983）。

チンパンジーが意味論的概念をどのように把握しているのかをより直接的に検討するために、シンプルな行為をおこなっているビデオ映像――ビルがオレンジをナイフで切っていたり、ジョンが鉛筆で紙にしるしをつけていたり、ヘンリーがリンゴを水で洗っていたり――をサラに提示し、行為の構成要素それぞれを同定させた。サラには三種類のマーカーを与えた。マーカーは粘着力のある紙製で、色・かたち・大きさともにさまざまなものが、モニター画面にひっつけられたのだ。それらの上で、それらのマーカーを、それぞれ異なる場面に配置するよう訓練をおこなった。あるマーカーは行為者（ビル・ジョン・ヘンリー）のところへおさまるし、別のマーカーは行為の対象物（オレンジ・紙・リンゴ）のところへ、また別のマーカーは行為のための道具（ナイフ・鉛筆・水）のところへ、という具合だ。訓練用の映像三種類について成績が基準に達したのちに、全強化の転移テストをサラに試みた。転移テストは非常に難しいものだった。というのは、場面が単に新しいだけでなく、訓練された場面よりもあきらかに複雑だったのだ。訓練場面が「ひとりが、ひとつの道具でひとつの対象物に働きかけている」という単純なものだったのに対して、テスト場面は複雑だった。「対象物がふたつあり、そのひとつに対してだけ働きかけがおこなわれている」とか、「道具がふたつあり、そのうちひとつだけが使われている」あるいは、「ひとがふたりいて、ひとりだけが行為をおこなっている。もうひとりは、ある場面では行為者のふるまいを観察しているし、別の場面では行為の受け手になっている（例、ビルがボブの髪をといてやる）」というものだったのだ。

結果は感動的なものでもあったが、長期的に見れば、なんだかがっかりするものでもあった。サラは転移テストにパスした。正答率は低かったものの、三つのマーカーそれぞれに関して、サラの成績はチャンス・レベルを上まわっていた。もっとも高い正答率を収めたのは行為者のマーカー（テストを通した平均正答率八五％）であり、行為をおこなった人物と、観察していたり行為の受け手だったりした人物とをサラは弁別することができた。対象物のマーカーでは正答率はささやかなもの（六七％）であり、道具のマーカーではさらに低かった（六二％）。

我々は、転移テストを立てつづけにおこなうことでサラを訓練し、成績を上げようと試みた。当初は彼女の反応すべてを強化していたが、エラーは修正するようにしたのだ。この試みは失敗はしたが、サラが無限に供給しつづけてくれる驚きをまたひとつもたらしてくれることになった。彼女は、モニター上の行為者も対象物も道具も映っていないところに、三つのマーカーすべてを貼り付けたのだ。この反応は、もともとの訓練でも転移テストでも現れなかったが、再訓練を試みはじめて三セッション目までには、サラがもっともよく示す反応になった。これは、自分の立場を示すことを拒否する彼女なりのやり方とも考えられるのだが、いずれにせよ、訓練の大部分をこの反応が占めることになったので、これ以上の訓練は無意味になってしまった（Premack & Woodruff, 未公刊）。訓練を受けた成体チンパンジーではこういった結果は珍しくないのだが、その解釈は依然として困難だ。

いつものサラほどではなかったものの、最初の転移テストで控えめながら成功をおさめたことで、ここで問題にしている意味論的区別を引き出す能力は示されたと考えられる。さらに訓練を重ねてこの能力を向上し完成させることをサラが拒否したのは、この課題が難しいものだったことを示している（今から考えれば、カテゴリーの種類のうち、対象物か道具マーカーのどちらかひとつを削って、三次元でなく二次元の弁別を設定すべきだったかも知れない）。サラにおこなった転移テストはヒトの四歳児にも通過できないものだ、ということは、読者は心に留めておいてもよいかも知れない。サラが受けた訓練やテストをおこなってみると、子どもたちは、マーカーを行為者・対象物・道具というふうに定義することはなく、生物／非生物（あるいはヒト／非ヒト）といったもっとシンプルな区別をつけていた。つまりかれらは、ヒトに対して**行為者マーカー**らしきものは備えているかも知れないが、そのヒトが行為主体なのか観察者なのか、行為の受け手なのかは認識していない。同様に、非ヒトに対して**対象物マーカー**らしきものや**道具マーカー**らしきものは備えていても、その対象物や道具が実際に使われているか、ただそこにあるだけなのかは認識していないのだ。これらは、キム・ドルジン（Kim Dolgin）が、サラのテスト手続きをヒトの子どもに適用して得た結果だ。子どもに対してドルジンは、サラに対してはおこなえなかった、一歩進んだ手続きを採用した。訓練の事例を提示しているあいだに、四歳児に対しては「行為者・対象物・道具」の意味を教えたのだ。その結果子どもたちは、高い正答率で転移テストを通過した。対照的に大学二年生では、言語的な定義を与える必要はなかった。かれらについては非言語的訓練――サラについては部分的にしか成功しなかったものだが――は、完璧にうまくいったのだ（Dolgin, 1981）。

意味論的概念を部分的に（とはいえ）サラが獲得できたことと、チンパンジーの行動における他の二側面――自然言語が全く欠けていることと実験室において単純化した言語を獲得する際にもある程度しかうまくいかないこと――とは、どのように折り合いをつけられるだろうか。行為者・行為の受け手・道具の区別がチンパンジーにできるのならば、野生チンパンジーに自然言語――具体的には、語の意味論的役割が語の流れの表面的順序にマップされているような、十分に単純化された意味論的文法規則――が備わっていると考える人がいるかも知れない。実験室条件でチンパンジーにそのような言語を教えるのは十分可能だ、と考える人もいるだろう。しかし、これらの条件はどちらも妥当でない。

格文法が「役に立たないだろう」という理由で、意味論的言語が自然に存在する可能性を否定することはできない、という点に注意したい。ヒト言語はマッピング規則が複雑であるため、格文法はたしかに役に立たないだろう。英語では、“Sarah is easy to please” と “Sarah is eager to please” のように、“Sarah” の意味論的な役割は異なるが文章内の位置は変わらないことがある。逆に、“Mary gave Sarah apple” と “Sarah received apple from Mary” とでは、文章中の位置が異なるにもかかわらず “Sarah” の意味論的な役割は変わらない。しかしこういった複雑さは、ヒト言語の特徴なのは確かだが、必須のあるいは中心的な特徴ではない。

言語は、「なにがしかの機能を果たすことができる論証的な表象システム――どのような機能を果たすのかはその言語を持つ個体の能力一般によって異なる」として定義することができるだろう。機能の中でまず挙げるべきは、参照と真理主張だ。たとえば真理主張は、ふたつの条件――叙述と、叙述と叙述された事態との関係についての異同判断に相当することをおこなう能力――を前提としている。叙述には複雑なマッピング規則は必要とされない。有限状態文法でさえそうだ。一方チンパンジーには、前提となっている異同判断能力がある。たとえばサラは、緑のカードの上に赤いカードを載せて提示し「赤は緑の上?」（?　赤　~の上　緑）と尋ねると、疑問詞を取り除いて「ＹＥＳ」か「ＮＯ」の適当な方に置き換えることが確実にできた。格文法がヒト言語にふさわしくないことの根拠となる複雑なマッピング規則は、真理主張のような、言語にとって基礎的な機能を果たす上では必要ないのだ。言語機能に本当に不可欠なものなど幾つもあるのだろうか。

まさに実際のところ、ヒト言語にある大きなふたつの奇妙な点が、進化から見た悩みの種になっている。具体的には、統語論的クラスと構造依存的規則とが、選択上適応的であるとみなせるシナリオを描き上げるのが簡単ではないのだ。「このふたつは、それら抜きにはヒトの言語がモデル化できないような形式的特性なのだ」と言語学者達は言うが、こういった形式的特性によって、言語の機能的属性のどの部分が具体的にもたらされているのかはまったく分かっていない。もっとも、再帰性は、こうしてもたらされうる属性のひとつだろう。これは、統語論的クラスによって成り立つのかも知れない。再帰性が本当に統語論的クラスから成り立つことにしてみよう（少なくとも私は、どうやったら統語論的クラスなしで再帰性が成立しうるかわからないので）。統語論クラスは、書き換え規則を簡単に実現可能にするような抽象的表象の基盤となる。これは、再帰性の成立に不可欠なものだ。しかし、この仮定が本当で、統語論的クラスによって少しでも経済的にあるいは容易に再帰性を活用できるのならば、ヒトの言語の奇妙さは相変わらず進化から見た悩みの種のまま、ということになりそうだ。

再帰性が選択上適応的であると結論づけるようなシナリオを、あえてもう一度考えてみたい。仮定の話だが、ヒトあるいはヒトの祖先種がマストドンを狩っている頃に言語が進化したことにしよう。言語を備えていることは、かれらに利益をもたらしただろう。おかげでかれらは、社会的なプランニングもできれば、方略についてみんなで議論することもでき、特定の随伴性のもとにプランを配置することもできるのだ。しかし、私が主張している「再帰性がもたらす利益」とは、文を無限に生成できることだけにとどまらない。おそらくもっと大事なのは、情報を圧縮することだ。たき火のまわりにしゃがみながら、ひとりが「ボブが、自分の槍をキャンプに忘れてジャックからなまくらの槍を借りたときに仕留めそこなって、前足でぶちのめされた小さな獣に気をつけろ」と言ってくれたならば、これは大きな利益ではないだろうか。

ヒト言語が進化理論にとっての厄介ごとになるのは、言語が、選択上の適応性で片づけるにはあまりに強力すぎるからだ。チンパンジーにも備わっていそうな、シンプルなマッピング規則を持つ意味論的言語だけによっても、マストドン狩りなどについて話し合うことの利益全般くらいはもたらされそうだ。この種の話をするには、統語論的クラスや構造依存的規則、再帰性その他は、あまりにも不釣り合いなほどに強力な装置だ。さらに、これらの整った属性を支える神経学的基盤にはコストがかかるのだ。

言語の進化理論の説明力以上に強力なこの悩みを和らげる方法は、ふたつある。ひとつめは、単純な言語を備えたホミノイドは過去にいたが、絶滅したのだと主張することだ。同じく絶滅した彼らの子孫にあたる種は、どこかそれよりは複雑な言語を備えていた。そしてその子孫となる種はさらに複雑な……云々。その結果、現生のヒトの言語は、次第に複雑かつ強力になってきた最終段階にあるとするのだ。この提案には、どの程度反証の余地があるだろうか。フィル・リーバーマン(Lieberman, 1973) と彼の同僚たちは器用にも、数千年のスパンでの音声言語知覚のモデル――このおかげで、遥か昔のさまざまな事象に関する仮説が検証できるという――を提案したが、進化に関する仮説の中で、このレベルの検証可能性まで備えているものはほとんどない。仮説の多くは反証のしようもないもので、科学的仮説というよりは「ああ、そうですか」程度のおはなしのようであり、ここで取り上げた仮説がそうでないのかどうかについても確信はもてないところだ。それに、現生の類人猿が自然言語を備えていないのはあきらかだ。このことと、チンパンジーが少なくともある種の意味論的弁別をおこなえるという知見とを考え合わせると、事態はもっと複雑になる。ふたつめは、もっと自由な進化観をもって、言語やその他説明が困難な事例を「選択上の利益に直接応じたもの」と捉えるのでなく、「実際にそう進化してきた経過やシステムがもたらす偶然の副産物」と捉えることだ。これは限りなく逃げ口上じみている。進化理論の信奉者たちがこんな見方で混乱させられることは、まずないだろう。しかし、進化理論以上に、進化にかかわるデータに信頼を寄せる人たちは、こんな考えには黙っていられそうにない。

最近出した挑発的な本のなかでリーバーマン（Lieberman, 1985）は、言語と認知は本来、歩行と呼吸から発生したのだと述べている。現在の言語や認知を構成している神経機構が運動のコントロールに前適応していた、あるいは彼が言うように「統語規則は、運動の自動化を促進する方向に運動野内で進化した神経機構を般化することで出現した」（p. 67）というのだ。ヒト言語という特殊化したメカニズムを生み出すような変化なのだから、ユニークには違いないだろう。他の動物が持つ類似したメカニズムの進化も、同じダーウィン的選択過程で説明できる。再び、リーバーマン本人のことばを借りるのがよさそうだ。

ヒト言語は……他の動物のコミュニケーション・システムとは異なるが、それは「イヌのコミュニケーション・システムがカエルのものとは異なる」というのと同じ意味においてだ。ヒトの言語はより複雑で……異なるメカニズムを備えている。（しかし）これらのメカニズムは、生物学的・進化的に関連しあっているのだ。（p. 2）

リーバーマンはおそらく，バートランド・ラッセル（Bertrand Russell, 1940）に同意するだろう。ラッセルは，「話すことはジャンプすることと変わらない運動であり，両者が異なるのは片方が意味を備えていることだけだ」と述べている。しかしラッセルとは違いリーバーマンは，これらふたつの運動カテゴリーを再統合しようとしており，要するに「『カエル』『カエルがいる』『カエルは緑色だ』などと言う発話はすべて，究極的にはカエルのジャンプから進化している」と主張しているのだ。

リーバーマンの印象的な主張を支える最大の根拠は，発話と発話以外という二種類の運動パターンの体系間には形式的な並行性があるとされていることだ。このような並行性が指摘されたのは，新しいことではない。それどころかお馴染みの文句まであって，我々に指を振りながらこう言って始まる。「規則に支配されている行動は言語だけ**じゃない**んだよ！」そして，非言語の事例——毎度登場するお気に入りは遊び（Raynolds, 1972）や道具製作（Lieberman, 1975）だが——にも文法があることを請け合って終わるのだ。しかし残念なことに，年を経るにしたがって，非言語事例における文法が有限状態でもなく句構造でもない，単なる約束ごとであることがあきらかになってきている。早くからこの馴染み文句の提唱者であったリーバーマンは，もはや道具製作や遊びには触れなくなり，今度は「グラスの水を飲むこと」についての有限状態モデルを持ち出すようになった。彼の文法規則は，たとえば「タンブラーに腕を伸ばす」「タンブラーをつかむ」「タンブラーから飲む」といったもので成り立っている。こんな文法とヒト言語との間に並行性が見られないことについて，これ以上のコメントは要らないだろう。

非言語行動を叙述する文法には、ふたつの問題がある。ひとつは深刻、もうひとつはまったく致命的なものだ。深刻な問題とは、自明のユニットが存在しないことだ。（文はもとから語に分割可能だが）非言語行動の系列はもとからユニット単位に分割されているわけではないため、毎度持ち出されるようなユニット――「タンブラーから飲む」「タンブラーへ腕を伸ばす」――は、恣意的にならざるをえない。無限にある候補の中で、なぜそれらのユニットでなくてはならないのだろう。

ただ、これは解決不能な問題というわけでもない。非言語の系列を構成するユニットは、数年前に提唱したシンプルな手続きによってはっきりさせることができる（Premack, 1976, p. 54）。基本的には、運動系列の研究対象となっている当の被験者に、行動の「つなぎ目」あるいは隣接した構成要素はどこかを「教えて」くれるよう求めるのだ。被験者の（視覚的あるいは聴覚的な）運動系列を記録し、ちいさな断片に「切り刻んで」、その断片を強化パラダイムにおける随伴事象として用いる。たとえば、バーを押すと、自分が社会的ジェスチャーを表出しているところ／鳴き声を発しているところ／非生物環境を操作しているところなどが見える（／聞こえる／触れられる）のだ。しかし、一連の鳴き声／社会的ジェスチャーなどを構成する断片のすべてが強化力を持つわけではないだろう。私が思うには、断片の中には**強化機能が最大化されたもの**があって、最大化された断片こそが、非言語的行為の系列にとって不可欠なユニットと見なせるかもしれない。仮にこの方法がうまくいかなかったとしても、なにか別の方法があるだろう。ユニットというのは、非言語行動の文法を記述するのに欠かせないほどの問題ではないのだ。

根本的な問題は、規則を定式化する際の基礎となるカテゴリーにまちがいなく絡んでいる。リーバーマンはこの点を直接には扱わなかったが、規則の例をいくつか挙げている。彼の示した例は、すでに述べたように、問題の重要性を指摘するのに役立ったに過ぎないが。「持ち上げる」「飲む」「タンブラー」など、彼が用いたカテゴリーのいくつかは「名詞句」「動詞句」「決定詞」などの文法カテゴリーと大きくは違わない。文法カテゴリーは知覚的・機能的基盤にたって定義されるものではなく、文法規則の中で果たす役割のみによって定義される。ところがリーバーマンのカテゴリーは、文法規則の中で果たす役割によってでなく、知覚的・機能的基盤にたって定義されているのだ。

言語学者たちの間には――大多数の科学者たちと同様――多くの点で見解の相違があるものの、「ヒト言語の規則を定式化するには形式カテゴリーが不可欠」という一点においては、ほぼ意見の一致をみている。これに異を唱える（意味論的あるいは語用論的カテゴリーで十分だと主張する）言語学者は、紛れもない少数派だ。たとえば、チョムスキーの文法（Chomsky, 1965）、ブレスナンの文法（Bresnan, 1978）、ＡＴＮ文法(9)（Wanner & Maratos, 1978）のように、互いに大きく異なる文法を考えてみよう。それぞれの相違にもかかわらず、どの文法も同じく形式カテゴリーの必要性を認めている。どの文法にも名詞句や動詞句が含まれているのだ。

言語の統語構造と非言語行動のそれとが非常によく似ていることを示そうとするなら、リーバーマンは、以下の条件ふたつのうち、少なくともひとつを示す必要がある。すなわち（1）「ヒト言

(9)　Augmented transition network grammar、拡張遷移ネットワーク文法

語の文法が、形式カテゴリー抜きで記述できること」、あるいは、（2）「非言語行動にも形式カテゴリーが存在すること」のどちらかだ。もし示せないのならば、言語と非言語とは根本的に違うものであって、片方が他方から発生したかどうかは、今までと変わらず謎のままだと結論せざるをえない。

アメフラシ（Aplysia）に対する条件付けが可能であることを示した最近の研究（Carews et al., 1981）からリーバーマンは、軟体動物も思考する、つまり認知能力があると考えた。単純な無脊椎動物について条件付けが可能であると示されたことは非常に興味深いが、条件付けのようなメカニズムでは、認知能力は決して説明**しえない**。無脊椎動物が、リーバーマンがいうように思考しているかどうかは非常に結論しにくい。というのも、「思考する」というのは学術用語ではないからだ。「彼らは認知をおこなうか」の方が、結論をくだしやすいだろう。「認知」を学術的意味合いに限定することのほうが、うまくいきそうだ。たとえば「心的表象を組み立て、計算をおこなうこと」というように。

条件付けの過程では、ある事象Aが、時間的あるいは空間的な連続性にもとづいて事象Bと連合される。この連続性検出のメカニズムは、ディキンソン（Dickinson, 1980）が指摘したとおり、のちに脊椎動物において現れる因果関係検出のメカニズムの前兆かも知れない。また、このシンプルなメカニズムは、「世代に渡る遺伝子型の変化」しか生じなかった生物に「個体内での表現型の変化」が加わる際、最初に備わったもののひとつかも知れない。経験は、条件付けによって生み出されたと言ってよいかも知れないのだ。ここでいう「経験」とは、（当初から存在していた）世界への単純な反応ではなく、はるかに重要なこととして、多かれ少なかれ永続的な変化をひきおこす反応のことを指す。しかし、この（おそらくは）原初的な「経験」――遺伝子型でなく表現型の変化――だけでは、認知にはまだほど遠い。つまり、心的モデルを組み立てて、そのモデルに関する計算をおこなうことはまだできないのだ。

さらにいえば、昆虫やクモを有名にしている複雑な行動メカニズム――たとえば、ハチがダンスで示すべき方向を地球の自転に合わせて調整することや、クモが背部にかかる荷重で糸の太さを調節すること――は、認知能力を示す動かぬ証拠にはならない。こういった調整の精度が経験に影響されるのかが分かれば素晴らしいが、発達心理学はまだ、無脊椎動物にまでは手を拡げていない。今のところ我々は、これらの調整は心的表象にかかわる計算によっておこなわれるものではない、と無難に推測している。彼らが見せる複雑なふるまいは、ひとつのヒントにはなる――ハチは幾何学者ではないしクモは技師ではない！　また、このような調整は、学習されたものでもない。生得的に組み込まれたコンポーネント――どんなものなのか、今のところまったく未知だが――によって生み出されるものなのだ。

ヒトに生得的に組み込まれているコンポーネントについても、同じくなにも分かっていないままだ。複雑なはずのふるまいが学習も計算もされていないというのは、なにも昆虫たちばかりではない。ヒト言語の統語規則は、生得的に組み込まれたコンポーネントによって成り立つようだ(Chomsky, 1980)。あらゆる生物が生み出したものの中でもっとも複雑なもののたぐいが、生得的に組み込まれたコンポーネントに大きく依存している。軟体動物・クモ・昆虫――無脊椎動物全般

——がヒトと異なるのは、生得的に組み込まれたコンポーネントがないからではなく、認知能力をもたないからなのだ。グリフィンの用いた「認知エソロジー」（Griffin, 1976）という言い回しを無脊椎動物にあてはめるのは派手な名づけ違いで、「赤道直下のノルウェイ」とか「海上のジャングル」みたいなものだ。

脊椎動物は、空間や時間の連続性だけでなく、物理的類似性も手がかりにして事象をむすびつける。彼らはAをAと、BをBと、というようにカテゴリー化をおこなう、あるいは「よく似た」アイテム同士をまとめるのだ。この分類メカニズムが強力なものである場合（ヒトの子どもでは特に強力で、類人猿でも、ヒトの子どもほどではないものの強力だ）、この行動は自発的なものになる。分類メカニズムが弱いものであれば（サルではそうで、ハトではさらに弱い）、明示的かつ集中的な訓練をおこなわないかぎり、この行動はあらわれない。無脊椎動物では、訓練によって物理的類似性にもとづくような規則を理解できることを示すのもおそらく無理だろう。そもそも、訓練によって物理的類似性を利用できるようになるのは、時間的・空間的連続性にもとづいてアイテムをまとめること——つまり条件付け——とほとんど変わりはしない。

次のレベルでは、生物はよく似たものをまとめてはいるのだが、今度は「よく似た」の意味が深くなる。彼らは、AをAと組み合わせるだけでなく、AAを（CDではなく）BBと、CDを（BBでなく）EFと組み合わせるのだ。物理的な類似性が概念上の等価性へと「進化する」のだ。ここで認知能力が現れるのではないだろうか。別の視点をとれば、概念上の等価性を計算する**能力**は、抽象的な心的表象の存在を示しており、つまりは、認知能力のちょうどいいリトマス・テストなのではないだろうか（Premack, 1983）。

ここまでに論じてきたことは、ヒトの知性に関する謎にとっては、ほんの入り口にすぎない。言ってみればここまでは、シェイクスピアやベートーヴェン、釈迦に頼らなくてもよかった。軟体動物とヒトとを区別するのに、こういった天才たちを引き合いに出す必要はなかったのだ。しかし、詩や音楽、宗教は、ヒトにとって瑣末な特性ではない。これらの特性を考察しないまま知性に関する理論を組み立てることなど、どう考えても不可能だ。考察をおこなう上でもっとも困難なのは、間違いなく、これらの活動に関わっている生得的に組み込まれたコンポーネントを特定することだろう。生得的部分と学習、認知がもっとも強力かつ複雑に組み合わさっているのがヒトなのだ。

リーバーマンの言う漸移説や継ぎ目のない連続性よりも、適切な立場をとる進化学者たちもいる。「すべての生物はユニークだ」。ドブジャンスキーはかつて言った。「しかし、ヒトはとりわけユニークなのだ」（Dobzhansky, 1955, p. 12）。この卓越した進化学者は、彼一流のどんでんがえしによって、「ヒトはユニークなのか？」という退屈な問いから我々を救い、本来発するべき問いへと目を向けさせてくれたのだ。「ヒトのユニークさは誰の目にもあきらかだけど、いったいどんなものなのだろう？」

リーバーマンがすべての種に見出した連続性は、特殊な焦点距離で望遠鏡を覗き込むと現れるたぐいのものだ。この距離から見ると、ヒトと軟体動物とが同じ生物であるかのように混ざってしまう。現状を破壊することなく（組み合わせてパターンをつくりだすことができる）個別の部分に分解可能な要素の総数は、もちろん、なにかを統合しようと試みる際につねに検討すべき重要な課題だ。

リーバーマンがおこなった統合の試みを読むと、その大胆さを賞賛せずにはいられない。しかし大事なのは、ピースを曲げたり見えにくくしたりせずに、パズルを解くことなのだ。

再帰性

チョムスキーは、（リーバーマンの場合と同様、通常のダーウィン的選択ではなく）突然変異にもとづくヒト言語の進化に関して独自の提案をしている。彼が我々の注意を喚起しようとする対象は、

離散的無限（discrete infinity）にもとづいた言語をもつ種だけが数の概念――つまり、一と一を無限に足し続けることができること――を理解している、という奇妙な事実なのだ。ごく単純な突然変異によっても、標準的な主題同士の関係に基づく概念システムを持つ種がヒトの言語のようなものを持つ種へと変化しうるかも知れない。すなわち、再帰性と埋め込みを可能にする、そして離散的無限というアイディア（これが機械的に数の概念を供給する）を産み出す突然変異によって……。（私信、1984）

標準的な議論とみなせるもののチョムスキー版がここにある。ヒトはかつて、他の知的な種と同様に「主題同士の標準的な関係に基づく概念システム」を持っていた。しかし、知能だけではヒト言語はなりたたない。特殊な要因が必要なのだ。今回のその特殊な要因は、再帰性と埋め込みを可

能にしてくれる突然変異と、同時に、ヒトの数量化能力だ。

チョムスキーが示唆したように、ヒトだけが再帰性を独占しているというのは本当だろうか。我々の知る限り、コミュニケーションや数の判断においてヒト以外の生物が、再帰性が生じていることをあきらかに示すような素振りを見せることはない。しかし、この種の証拠を見つけ出しうる余地は他にもある。再帰性ルールは、ある特定の領域とのみ結びついたものでは決してないからだ。

再帰手続きのよい例（これについては、ペンシルヴァニア大学数学科のヘルベルト・ウィルフ教授に負うところだ）は、外見が同じ物体のセットから、最も重いものを見つけるときに使うことができる手続きだ。ウィルフ教授の示した例は、申し分なくシンプルなだけでなく、再帰と同時に反復についても説明し、さらに両者を比較対照できるという利点も備えている。見かけが同じ箱のセットを与えられ、最も重い箱を見つけるように言われたとしよう。言われた人は、まず両手にひとつずつ箱を持ち、手で重みをみたり、両者を比べたりしてから、軽い方を捨てる。そして次に、三つめの箱を取り上げ、最初に比べた際に残った箱と比べて、また軽い方を捨てる。彼は、捨てた箱が混ざらないように気をつけながら、残りの箱がなくなるまでこの手続きを繰り返す。これは再帰手続きではなく、反復手続きだ。ふたつの箱を比べて重い方を残す、という同じルールが、箱がなくなるまで繰り返される。

簡単な変更を加えることで、この手続きが再帰手続きになる。まず、箱のセットを、ふたつのサブセットに分ける。それから片方のサブセットの箱同士を、もっとも重い箱を見つけるまで比べたら、それを脇にどけておく。もう片方のサブセットについても同じことを繰り返し、最も重い箱を脇にどけておく。それぞれのサブセットの中で最も重かった箱どうしを比べ、ふたつのうちで重い方を取るのだ。最初の手続きは違うが、この手続きは再帰的だ。同じルールがふたつのレベルで――最初はそれぞれのサブセットの中で最適なものを選び出す際に、それから、ふたつのサブセットから選び出されたものどうしを比べる際に――使われているからだ。このようなシンプルな事例であれば、類人猿とヒトの子どもの両方で、うまく検証することが可能だろう。

これまでにチンパンジーでおこなわれた課題としては、いわゆる「巡回セールスマン問題」のエミール・メンツェル版（Menzel, 1973）がある。メンツェルは、チンパンジー達が見ている前で果物の小片を野原にかくし、その後彼らを放して、果物を見つけさせた。チンパンジーはかくされた果物のほとんどを見つけ出しただけでなく、さらに重要なことに、果物から果物へと移動する際に、自分が最初にとった軌跡を引きかえすのではなく、節約的な軌道をとったのだ。読者にはお分かりのように、果物が見えないところにあり、チンパンジーは記憶の中で果物のありかどうしをつないだ軌道をとっている点を考えると、この結果はさらに注目に値する。しかし残念ながら、チンパンジーのとった軌道は、いわゆる「最近接の隣人規則」（常に、自分がいるところにある果物からいちばん近くにある果物に向かえ）を繰り返し適用することで、単純な反復手続きによっても生み出しうる。もしチンパンジーがこの手続きをとっているのであれば、チンパンジーがうまく果物を発見できたところで、わたしたちは結局手ぶらのまま、ヒト以外の動物が再帰性を示す証拠がないまま、ということになる。

類人猿からヒトの子どもへ？

言語訓練を受けたチンパンジーを、グライトマン‐ワナーのモデルの検証例とすることはできるだろうか。読者は、はじめはこの提案を奇妙に感じ、驚かれるかもしれないが、これがごく筋の通った提案であることをすぐに理解されると思う。さらに、このモデルが正しいならば、チンパンジーは言語を獲得できるはずだということもお分かりになるだろう。この予測の根拠となっているのは非常に素直なものだ。ヒトの子どもに備わっていると考えられる属性が類人猿にも同様に備わっているのか、あるいは、内的な条件を外的なものに置き換えることで、ヒトの子どもに備わっている属性を代用できるのだろうか。たとえば、類人猿のもつ概念構造はヒトの子どものものよりもはるかに劣っているに違いないが、間違いなく類人猿には、そういった構造が備わっている。「概念」という議論の多い概念をどう捉えるにせよ——抽象的な分類装置だろうがなんだろうが——、類人猿にそのような装置を想定する場合に起こる問題は、ヒトの子どもについて同様なものを想定する際の問題と変わらないのだ。加えて、動作者・受信者・手段といった意味論的‐関連性における主題の役割というかたちで世界を「読み解く」ことについては、類人猿とヒトの子どもはよく似ている。一方で、たとえば、強調要素および抑揚の検出装置や、語に概念をマップする属性のように、ヒトの子どもが備えている属性の中には、類人猿に想定する必要のないものもある。すでに見てきたようにこれらの事例では、ヒトの子どもに想定される属性を外的な条件に置き換えること

――強調要素の検出器をプラスチック片に、一対一のマッピングを訓練プログラムに――が可能だ。要約すれば、仮に、ヒトの子どもの言語獲得を可能にしている属性をグライトマンとワナーが正確に列挙しているのなら、適切な訓練さえおこなえば類人猿をヒトの子どもに変えることができるはずだ、と信じる根拠は十分にある。もちろん、飛びぬけてかしこい子どもというわけではないけれども、子どもに変わりはないだろう。

ところが実際のところ、類人猿をヒトの子ども（かしこかろうがそうでなかろうが）にすることは、我々にはできない。できると信じている人たちも確かにいる。しかし、こういった人の大部分は（「しゃべる」類人猿と話したことはおろか）類人猿というものを見たこともなく、テレビの映像しか経験がなくて、端から満足のゆく観察者とはなりえない人たちなのだ。驚いたことに、私の最も有能な友人のうちふたりも、このグループに入っている。かれらは満足のゆく観察者（のはず）なので、問題はどうも他のところにあると考えられる。詳しく見ることはしないが、かれらは断固たる、というよりけんか腰なまでの決意で、（ここでは立ち入る必要はないが、まったくさまざまな理由にもとづいて）ヒトと動物との間の非連続性を示唆するものに噛みついている。しかし、かれらにはまだ救いがある。ふたりとも「しゃべる類人猿」を見たことはないのだ。

類人猿がヒトの子どもにはなりえないということは、子どもに関するグライトマンとワナーの記述が不完全だということではないだろうか。採りあげた属性に関しては、彼らのモデルは十分に妥当性を持ち続けうるが、一方であきらかに、いくつかの重要な属性をあつかいもらしている。我々がヒトの子どもと類人猿との間に見出してきた、論争の余地のない相違点を説明する努力を重ねる必要がありそうな属性を。

グライトマンとワナーが幼い子どもについて論じていない重要な要素が、ふたつある。統語論的カテゴリー（彼らは、もっと年長の子どものためにこの問題を残している）と、帰納プロセス――このプロセスによって、意味論的に関連のあるカテゴリーや統語論的なカテゴリーが、文法を必要とするようなたぐいのルールへと変わる――だ。類人猿の知能がこれだけ巷に喧伝されているのだから、類人猿の帰納的処理能力を明示するようなデータはすでにありそうなものだ。しかし実際には、そのようなデータはあまりない。五〇年以上前にケーラーが示した問題解決（Köhler, 1925）も、ごく最近我々が示した推論過程（McClure et al., 準備中）も、残念ながら、類人猿の帰納的推論による規則生成能力を測る基盤を提供してはくれなかった。我々がおこなった推論過程の研究は、はっきりした推論、すなわち、知覚的に提示されていない情報の補完を要求した点で、ケーラーによる問題解決の研究の先に進んではいる。しかし、帰納的な規則生成や理論形成に関しては、初期の問題解決研究を越える特段の貢献はないのだ。推論に関するより良いモデルを手に入れないかぎり、問題解決に関わりそうな規則やその他の能力を利用しているかも知れないといっても、文法の形成に不可欠と思われる帰納的な規則生成や理論形成と同等とは見なせない。

少し年長の子どもの言語発達についてバウアーマン（Bowerman, 1983）が発見した「データの再構成」やそれによって強められる規則、手話を使用する子どもについてニューポート（Newport, 1983）が見いだした派生的形態システムの自律的な発達、カーミロフ＝スミス（Karmiloff-Smith, 1979）が示し、また、子どもにおける文法規則の発達と類似したものであると指摘したメタ認知課題。これらと比較対照できるようなものを我々は類人猿に見いだしていない。したがってこの時点では、類人猿が自然状態でも実験室でも言語をもたないのは、根本的に帰納的推論能力が弱いためであるという可能性を却下することはできない。

言語は一般知能に依存しないという主張は、再検討する必要がある。この主張の前提にはふたつの誤りがある。ひとつめは、対立したものと考えられがちなふたつの視点——一般知能と独自の言語的要素と——が相互排他的であり厳密に対照的であるという仮定。ふたつめは、種間でなく種内での比較という誤った根拠にもとづいた、知能に対する偏狭な見方だ。

一定レベル以下の知能しか備えていない種に言語的な要素をつけ加えたとしても、これまでに示唆してきたように、実際的な効果はなにひとつもたらされそうにない。しかし、論点をもう少し絞ってみたい。我々がつけ加えた言語的要素が、特に、統語論的カテゴリーから成り立っていたらどうだろう。これは、役に立ってくれそうな素晴らしい候補といえる。なぜなら、統語論的カテゴリー抜きにヒトの文法をモデル化することは決してできないし、心理言語学者のあいだでも、統語論は意味論からは派生しえないというコンセンサスが拡がりつつあるからだ。どんな変態を遂げようとも、意味論というアオムシが統語論というチョウにはならない。「動作者」「受信者」等々は、いくら難しく分析しても、決して「名詞句」「動詞句」なんかには変わらないのだ。さて、類人猿に統語論的カテゴリーをつけ加えた——神経学的な基盤を見つけ、細かな脳手術で類人猿に植えつけた——としてみよう。外科的には完璧にできたとしても、類人猿が十分に「かしこく」ないために、手術は失敗に終わるかも知れない。ここでの「かしこさ」とは、件のカテゴリーによって文法規則を組み立てる帰納的推論能力を備えている、ということだが。実際、我々が現在知る限り、類人猿には統語論カテゴリーが備わっているかも知れないのだが、それを証明できない。証明するのに必要なのが、アップグレードされた帰納的推論能力を植えつける手術なのだから。

本当は必要なはずの種間での比較が種内の比較へと不当にも取ってかわっている偏狭な知能観は、「独自の要素」と「一般知能」というふたつの見方に相互互換性がないという考えにも荷担している。レネバーグはこの立場の先駆者であるが、「精神遅滞児の中にも言語を持つ子どもがいる。つまり、言語は知能に依存しないと言うことだ」と述べている（Lenneberg, 1967）。しかし精神遅滞児、少なくとも言語をもつ精神遅滞児は、類人猿よりはるかに知的だ（我々がこれまでにおこなってきた、あらゆる比較から示されている）。さらに、多くの精神遅滞児で見いだされる言語は、通常の言語とはかなり異なるのだ（たとえばAnn Fowler, 1984を見よ）。レネバーグ本人が最初に観察したとおり、精神遅滞児の言語は、通常の言語発達の初期段階に相当するようだ。初期段階で見られるこの規則は、成人の文法よりも弱い。大人の持つ、より強力な規則の先駆けとなる「データの再構成」（Bowerman, 1982）以前の段階にあるし、「成人が必要とするよりも弱い帰納的推論能力」とすら言えそうにないものだ。精神遅滞児の持つ、この弱いシステムにも統語論的システムが必要なのか、それとも意味論的システムが必要なのだろうか。システムは統語論的なものだと大部分が考えているものの、ここで意見は分かれる。このように、精神遅滞児の言語問題に関して優勢な意見は、知能そのものについて論じており、統語論的カテゴリーの欠陥よりむしろ、帰納的推論能力の欠陥を指摘しているのだ。

一方で、ここで言及している「一般知能」は、スピアマンのG（Spearman, 1937）と同様、あらゆる問題解決を可能にするものの候補として、中心的な因子となる。しかし現時点では、問題解決を可能にしているのが単一の因子であることを示す証拠はない。空間課題を解決する能力は非空間的課題を解決する能力と無関係だろうし、どちらの能力も、ヒトの文法を形成する能力とは無関係だろう。文法を形成する際に子どもが直面する問題と、普通の課題における科学的な帰納推論との間に興味深い類似性が見られる（この類似性に関する議論としては、Foder, 1966, p. 109を見よ）のは確かであるが、似ているからといって（Foder, 1984がなんのためらいもなく指摘したように）ふたつの課題に関係があると結論づけるわけにはいかない。

ヒトの文法を形成するもとになる因子が、科学理論の形成においても重要な役割を果たしているというのが本当ならば、誰でも素晴らしい科学者になれるだろうに。実際のところ、文法を形成する際に子どもがおこなっていることは、科学理論を形成する際に科学者がおこなうことよりもはるかに複雑そうだ。さらに、科学理論はひとりが生み出すものではなく、何世代にも渡る多くの人が先人の業績の上に立ちつつ生み出すものだ。文法の生成はひとりのヒト、それも幼いヒトがおこなう。科学と言語のどちらについてもその能力が限られている類人猿も、（先ほど述べたような）脳外科手術によって、どちらか片方の能力についてだけ成績が上がって、もう一方はそのままということがあるかも知れない。類人猿の脳が、手術によって組み替えられることでヒトの脳と少しでも似てくるのであれば、この結果は決して驚くべきことではないだろう。

さて今度は、グライトマンとワナーが「幼い子どもにはない」とした——もっと大きくなったあとでの問題だとした――二番目の因子、統語論的カテゴリーをみてみよう。多くの心理言語学者と同じく彼らも、子どもが最初に獲得する言語を意味論的な性質を持つものとして取りあつかった。しかし彼らはすぐに、この仮定（ある意味で単純化されすぎてはいるものの）をとると、別の問題が生じることに気がついたのだ。最終的に大人は、統語論的文法を完成させる。つまり、子どもの言語が意味論的文法で始まるとすると、我々は、統語論的文法への移行過程を説明させられる羽目になるのだ。これは、すでに見てきたように、簡単なことではない。子どもの言語に最初から統語規則がありさえすれば、こんなややこしい問題はすべてなくなるのだが。これから示していくように、子どもの言語が統語規則抜きで始まる理由は他にもありそうだ。

統語論というブロック抜きで言語を組み上げる難しさは、サラに教えた言語にも見いだせる。実際にサラの言語を分析してみれば、統語規則が欠けていることに起因する問題に気づくだけでなく、さらに驚くべきことに、欠けている統語論カテゴリーを意味論的なものに置き換えてもこれらの問題が完全に解決されるわけではないということにも気づくだろう。

サラが学習した文章タイプをいくつか考えてみよう。これらはそれぞれ、特定の条件で使われるように仕立てられたものだ。たとえば、ある文章タイプは「与える」という行為をあらわし、別の文章タイプは「～の上」という状態をあらわす。三つめのタイプは、物体によって例示された属性を記述するときに用いられ、四つめは異同の関係（「リンゴ　赤い　同じ　リンゴの　赤い　色」）に関わるものだ。「与える」の提示規則は以下のようなものだ――送り手　動作　対象　受け手（「メアリー　あげる　リンゴ　サラ」「サラ　あげる　バナナ　ドナ」）。「～の上」をあらわす規則もシンプルで、上にあるもの　関係　下にあるもの（「粘土　～の上　板」「赤　～の上　緑」）。属性を例示する場合の規則も同じくシンプルで、属性　関係　例示されているもの（「小さい　関係　エンドウ豆」「青色　関係　ブドウ」）。

これらの規則の間には相互に関連がないことをぜひ理解しておいてほしい。つまり、これらの規則は共通のカテゴリーから形作られているのでもなく、マッピング装置として語順を利用するという構造のほかには、共通点をまったく持たないのだ。しかし、この独立した規則の寄せ集めは避けられたかも知れない。我々は、意味論カテゴリーが当てはまる事柄だけを扱うような、もっと限定的な言語をサラに教えられたかも知れないのだ。サラの意味論的な弁別能力を考えれば、その後で、共通のカテゴリーセットから派生してサラが発したあらゆる文章タイプを支配する規則をあきらかにできたかも知れない。「ビル　切る　リンゴ」「サラ　とる　ブドウ　～の中　緑　皿」「メアリー　入れる　オレンジ」といった文章によって、この目標が果たせただろうに。たしかに我々はサラに対して、こういった文章をたくさん使った。ささやかとはいえ我々が得た成功は、これらの文章のおかげだったかも知れない。しかし一方で我々は、その他の、動作と関係のない文章も使ってきている。属性の例示、仮定的関係、異同関係などを扱う文章だ。これらは、我々の不成功の元凶だったかも知れない。

サラの文章をヒトのおとながみたら、文章を生成した規則どうしは必ずしも独立でないし互いに無関係でもない、と考えるだろう。たとえば「メアリー　あげる　リンゴ　サラ」「赤　～の上　緑」「青　～の色　関係　ブドウ」という文章を比べてみれば、このうちひとつは確かに動作を扱っているものの、「『メアリー』『赤』『青』はすべて、それぞれの文章の主語である」というように、共通していることも多分にある。ここで指摘されていることはもちろん、全く正しい。しかし、こういった特徴はヒトの読者にはあてはまるが、サラにはあてはまらないのだ。「文章の主語」というのは、サラも含め、意味論的カテゴリーであらわされる言語を持ったあらゆる生物にとっては、利用可能な特徴ではない。

ヒトの大人と違って、サラは、覚えているいくつかの文章タイプそれぞれの規則を統合するようなカテゴリーのセットを備えていなかった。そのため、他の規則をあらかじめ学んでいたことによって得をすることもなく、ほとんどすべての規則を個別に学習しなくてはならなかったのだ。おそらくこのことによって、サラが学習した限定的なシステムがなぜ「飛び立たなかった」のか、ヒトの子どもにおける言語発達のように、ある時点での加速的な進展を示さなかったのかが、部分的には説明できるだろう。

言語規則を統合するやりかたは意味論カテゴリーと統語論カテゴリーだけ、というわけではもちろんない。述語論理は第三の選択肢だ。サラの文が関数-変数形式であるとする妥当性は「ビル　切る　リンゴ」といったシンプルなケースでもはっきりしているが、「赤　~の上　緑　もし~ならば　サラ　とる　リンゴ」(ここでは、条件詞が関数であり、ふたつの単文が変数だ)のような複雑な文でも同様にあてはまる。サラの「文」をこのようなかたちで分析できることに、私は以前からぼんやりと気づいてはいた。そのことはおそらく、彼女の訓練に使う文を作る際に役立っていたのだろう。しかし、こんな分析がサラにも可能だっただろうか。たとえば「ビル　切る　リンゴ」と

「赤　～の上　緑　もし～ならば　サラ　とる　リンゴ」の構造的類似に気づいて、それが彼女の役に立つことがあっただろうか。「そんなことはない」というのが答えだと思いがちだが、どちらかに結論付ける証拠は、我々にはないのだ。

ヒトの子どもたちが、サラに可能な唯一の方法――統語論的カテゴリー抜き――で言語を使い始めたりしたら、サラと同様の不都合にかれらも直面しそうなものだ。しかしおそらく子どもたちは、最初のうちは、意味論的分析ができないような事柄については話さないだろうし、サラと違って、性に合わない文を強制されるようなレッスンに駆り立てられることもない。しかし、大人が子どもに話しかける際の文は、意味論的分析が適用できる事柄に関するものばかりではなさそうだ。この理由さえあれば、統語論カテゴリーから始めることは子どもにとって有利になりうるだろう。

類人猿は、統語論的カテゴリーと同様に、適切な帰納的推論能力あるいは理論生成能力が備わっていないために、自然言語を持たない（そして人工言語の習得も遅い）のかも知れない。言語の必要条件のうちなにが類人猿に欠けているのであれ、欠けているのは社会的コミュニケーションではあり得ない。社会的動作の構造と文構造との間の類似が注目に値するほど大きいことを根拠に、多くの研究者が、言語の起源は社会的コミュニケーションにあると考えてきた。この、広く支持されている考え方を、ブルーナーはこのように表現している。「乳幼児期におけるヒトの行為の構造は……普遍的な事例カテゴリーの構造と一致している。赤ん坊（母親も同じことになる）に共同的動作が可能になると、実質的に言語に踏み込んでいくことになる」（Bruner, 1975, p. 6）。どうも、この考え方の提唱者たち――思慮深い人々（Bates, 1979; Greenfield & Smith, 1976）も多く含んでいるのだが――は、動物のコミュニケーションに関する文献をきちんと検討していないようだ。きちんと検討したのであれば、自分たちのような立場をとれば、あらゆる社会性の種が言語を持つことが予想され、実際に見ていることととてつもなくかけ離れることが分かるだろうに。

たとえば、オランダの比較行動学者プルーイ（Plooij, 1978）はチンパンジー母子間のコミュニケーションを丹念に検討し、類人猿における意図的コミュニケーションの発達過程が、あらゆる主要な点においてヒトのものと類似していることをあきらかにした。まず、赤ん坊は母親からグルーミングを受け、その際母親は、赤ん坊の腕を持ち上げる。その後まもなく、赤ん坊が母親に接近し、自分の腕を上げることでグルーミングを求めるようになる。しかし最初のうち赤ん坊は、母親とのアイコンタクトをとろうとしないままでそうするのだ。そしてその後赤ん坊は、意図的コミュニケーションの完ぺきな実例を見せるようになる。強く引っぱるなどして母親の注意を完全に向けさせ、もっとはっきりとした、具体的な確証を得るために目を見つめる。そして、アイコンタクトが成功した時にだけ、母親の前で腕を上げる。プルーイはさらに、もっと成長したチンパンジーのコドモでは、腕上げが別の文脈でも起こり、また別の機能をもつことや、この種の行為一般が組み合わされて起こることなどもあきらかにした。確かにヒトは、類人猿にはないような社会的要因を備えているだろう。しかしそうだとしても、社会的コミュニケーション研究は、それらを特定できるほどの詳細な段階まですすんでいない。チンパンジーの社会的コミュニケーションの発達は、ヒトのそれと非常によく似ているようだ。おそらく、サルの発達過程はチンパンジーのそれとよく似ているだろうし、齧歯類の発達過程は、サルのそれと興味深い類似を示すだろう。しかしこれらの中に、自然言語を備えた種はいない。言語が、文と社会的行為との構造的類似性から生み出されるものであれば、そういう種がいそうなものだ。実際のところ、この類似性が仮に言語を説明しうるのであれば、あらゆる社会性の種に、社会的コミュニケーションの複雑さと比例する複雑さを持つ言語が見いだせるはず、つまり、言語の完ぺきな連続性が見いだせるはずだ。我々が実際に見いだすのは、ヒトとヒト以外の生物との不連続性ばかりか、ヒト以外の生物では、いかなる程度においても言語が存在しないということだ。

鳴き声のシステムに関する最近の研究も、この不連続性を示している。ジョージ・ミラーが書評の中でまとめているとおり「もしも音声コミュニケーションに前言語版が存在したとしても、それを使っていたヒト科の生き物は誰も生き残っていない。実際のところ現在、ヒトとその他の動物の間には、コミュニケーション能力においてひじょうに大きなギャップがある」（Miller, 1983, p. 31）。鳴き声のシステムに関する初期の解釈はあまりに単純だった。実際には、たとえばベルベットモンキーの鳴き声は、単に発信者の情動状態を反映しているだけではなく、異なる捕食者ごとに特異的なものだ（Strushaker, 1967; Cheney & Seyfarth, 1982）。さらに、系列的に鳴き声を発し、その順序によって「意味」が変化する動物もいる（Beer, 1976）。しかしながら、鳴き声システムに関するこういった明るい展望ですら、ミラーが指摘したような、ヒトとヒト以外の生物のコミュニケーション能力におけるギャップをなしにしてくれるものではない。反対に、動物の鳴き声システムのもっともはっきりした特徴として残るのは、それが（言語への）中間的なシステムであることを示す証拠の貧弱さだ。昆虫から霊長類への移行過程においてさえ、サイズや複雑さ、鳴き声システムの参照範囲に関する、ごくわずかな進展しか見いだせない。脊椎動物は無脊椎動物よりも多くの鳴き声（聴覚信号）を使う。たとえば、ハチが二〇に類人猿が三五といったところ（Moynihan, 1970）だが、それほど大した違いではない。脊椎動物間での差違は、さらに小さくなる。類人猿の鳴き声システムは、ジリスのそれとさえほとんど変わらない。ヒトとヒト以外の生物をつなぐ中間的システムを示す証拠は、なんて少ないのだろう！

一方で、ヒトとヒト以外の動物のコミュニケーション能力には、どれほど差があるのだろうか。個々の認知モジュール、数の理解能力、顔の認知、空間表象、そういった能力には比べようもないほどのギャップがあるのだろうか。おそらく、これらの種差は、コミュニケーション能力に見られる種差よりは大きいだろう。簡単に答えられる問題ではない――検証されていないことがあまりに多いので――が、我々が示した証拠からは、以下のようなことが言える。

基礎的能力とみなせるような部分、つまり、あらゆる種が共通して直面する問題を解決するのに欠かせない能力について、種差はもっとも小さくなる。たとえば、短期（および短 - 中期）記憶について、類人猿とイルカ、ヒトは非常によく似ている（Hayes et al., 1953; Thompson & Herman, 1977）。空間の心的表象については、連続性はさらに強くなる。「知的な」種に限らず、あらゆる脊椎動物がなんらかの基本的特性を共有しているかも知れない。たとえば、ユークリッド幾何学によって記述される空間の心的地図（Cheng & Gallistel, 1984）のようなものを。一方、推論に関しては、チンパンジーが類推をおこなったり（Gillan et al., 1981）空間的な推論をおこなったりできることを、驚くべきことに我々自身は見いだしてはいるものの、それほど強い類似は見られないだろう。

種差がもっとも大きくなるのは、すべての種に共通した問題を解決するのに不可欠なわけではないのだが、その種が特異的に直面する問題の解決には不可欠であるような能力においてだ。たとえば、数量化能力はあきらかにヒト特異的なものだし（Gelman & Gallistel, 1978）、この能力におけるヒトと類人猿との差（Woodruff & Premack, 1981）は、言語での差に匹敵する。もちろん、これではほとんど「種は分化することがあり、分化すると、分化しない場合よりも多様になる」という循環論に毛の生えたようなことしか述べていないに等しい。しかし、こんな循環論でも問題点を俎上には載せてくれる。我々は、言語におけるギャップを非常に複雑だと考える一方で、数量化能力におけるギャップを無頓着に容認してきたのだ。一方のギャップは容認でき、よく理解できさえするのに、もう一方は進化における重大な謎。どういうことだろう。

答えを導くのは難しいことではない。我々はコミュニケーションの問題を、基礎的な、あらゆる種が直面するものとみなしているが、数えたり計算したりする能力をそういう風には捉えない。そこで、こんな難問が持ち上がる——ヒトはどうしてこんなにコミュニケーションに特殊化してきたのだろう。

しかし実際には、コミュニケーションではヒトの特殊性を描き出すには貧弱だし、言語では、さらに貧弱だ。コミュニケーションが言語よりましなのは、少なくとも、ヒトの特殊性が実際のところきわめて社会的なものであることを、正しく暗示してくれる点だ。この特殊性は、分離可能だが互いに絡み合ったたくさんの属性（ひとつの名前をつけることは残念ながらできない）によって成り立っており、その最終的な影響は、世代を越えた社会ユニットに生きるヒトにおよんで、歴史や伝統を生み出しているのだ。この連鎖を生み出している大きな要因が、教育だ。教育と連動する重要な要因が、美学や社会への帰属、意識である。これらの要因が組合わさって、社会的な結びつきといったものを生み出し、ヒトに集団を形成させるのだ。

教育とは、あるレベルでは、自分自身の行動をコントロールするのと同じように他者の行動をコントロールしたがる傾向だ。自分の体をコントロールできることに夢中になっていた赤ん坊が大人になって、自分の体だけではなく、他人の体までコントロールしようとする。こんな強欲なことがあるだろうか。しかし、教育の志向性そのものは良性のものであり、他の人々のためになるようにコントロールしている、という事実が救いといえる。教育の目的は利己的なものではなく、逸脱した行動を、いくつかの基準を伴う、社会慣習に従った行動へと変えることだ。そこでの基準は、効率にもとづくもののように映るかも知れないが、基本的には、美的感覚に訴える性質を持つものだ（教育と美学の関連についての予備的な説明としては、Premack, 1984を見よ）。子どもは、そんな能力を身につけたさせからといってすぐに物質的な利益が得られるわけでもない人たちによって訓練を受け、一定のスタイルの話し方、食べ方、服の着方、働き方、社会的な振る舞い方に順応する。チンパンジーも似たような行動をとる。現に彼らは、他の種ではあまり見られないことだが、互いを訓練する。しかし、その訓練は、教育的な意図によっておこなわれるものではない。

たとえばあるチンパンジーが別のチンパンジーに、自分が教えられたサインを教えるかもしれない。ちょうど、父親にくすぐられたり遊びでほっぺたに息を吹きかけられた子どもが、同じことを別の子どもにするようなものだ。しかし、これは教育ではなく、社会的な遅延模倣だ。あるいは訓練をおこなうことが、訓練者にその場で利益をもたらすこともある。たとえば、水飲み台に手が届かないチンパンジーは、自分より背の高い個体を訓練し、自分のためにボタンを押すようにさせるだろう。チンパンジーが他のチンパンジーを、理想的な形式——それも、訓練者に直接の利益をもたらさないような形式——をつくりあげるために（つい最近押しつけられたようなやり方ではなく）訓練しているところを、我々は見たことがない（Premack, 1984）。つまりチンパンジーで我々が見たのは訓練であって、教育ではない。霊長類以外の種では、いかなる訓練すら見いだせない。霊長類以外の種が獲得する能力はすべて、学習や模倣だけにもとづくものだ（ヒト以外の動物における社会的伝達の総説としては、Galef, 1981を見よ）。模倣の見本となる個体は、模倣しようとする個体のことを考えてもいないしフィードバックもまったく返さない、受動的な見本になっている。もちろん、社会的フィードバックそのものは、ヒトだけのものではない。ラットや類人猿が他個体を噛んだりするのであれば、フィードバックもありうる。しかし、ヒトにおいてだけ、もっと効果的な——芸術的に息を吹きかけるための教示からなる——フィードバックがありうるのだ。ヒトでは、ふたつの頭脳が互いに優秀さを評価し、片方がエキスパートになるのだ。

教育に寄与しているのが社会的帰属、つまり、ヒトにおいて高度に精緻化した「他者に信念や意図がある」と考える傾向だ。類人猿に見られる社会的帰属は限られていて、領域によっては三歳半のヒト幼児に近い程度にとどまる。類人猿もこの年齢のヒト幼児も、他者に信念や意図があると考えるが、それは、他者の信念が、自分の信念と一致している場合に限られる。ヒトは四歳になってはじめて、自分のものとは異なる信念を他者がもっていると考えるようになるのだ（Winner & Parner,

1983)。チンパンジーがこの段階に進めることを、我々はまだ確認していない(Premack & Premack, 1983)。この差は、見過ごせるようなものではない。一方では、自分が知っていることにもとづいて問題を解決できるが、他方では、自分の知っていることと他者が知っていると思うこととにもとづいて問題を解決できるのだ。さらに、自分の知識を表象するだけでなく、自分が他の誰かに「知って」ほしいことを表象することもできなければ、あざむきをおこなうのは不可能になる。自分の知っていることと誰かが知っていると自分が思っていることとの区別がつかなければ、なんと利口な先生ができ上がることだろう!

意識は、それ自身は社会的な属性ではないが、「社会的な」ヒトのつながりを可能にするものだ。ヒトが、ある問題を解決するだけでなくどうやって解決したのかも意識するようになれば、その知識を他のヒトに知らせることができるし、そのおかげで、知らせを受けたヒトが、最初のヒトだけではできなかったことを成し遂げることもあるだろう。たとえば四歳児は、視覚的に提示された事例から、行為における動作者・受信者・手段という意味論的な概念を引き出すことはない。しかし、これらの概念の明示的な定義を与えられれば、概念に関する無数の事例を認識できるようになる。とはいえ、明示的定義のもとになるのはなんなのだろう。本を読んで調べさえすればいいのだろうか。究極的には、そうだ。とはいえその明示的定義は、もともとは誰かが「Xとはなにか」を意識するようになること、つまり、その誰かがすべてのXがあるカテゴリーに属すると考える際にとっている基準への「意識」にもとづいたものなのだが。

問題の解決方法が見つかることによっていちばん利益を得るのは誰だろう。我々の例からすると、発見した当の本人というよりは、彼が属するグループのメンバーのようだ。直示的な定義を与えられるまで子どもが失敗しつづけていた、意味論的マーカーの実験を思い出してみてほしい。子どもに直示的定義を教えた大人自身には、そういった定義は必ずしも必要ではなかった。大人たちは、秘訣をつかまなくても正しく反応できただろう。一方、子どもは、どうやったらいいか教えられないことには正しく反応できなかった。中には、解決してみて初めてどうやったらいいのか分かる子どももいるだろう。しかし、かれら自身が意識した上で問題を解決するということが、他個体による問題解決の前提条件だ。このように意識は、個人同士を結びつけるだけでなく異なる世代同士を結びつける力となることで、教育の一因となりうる。ヒトは、言語によって類人猿と隔てられているのと同様に、意識とメタ認知によっても類人猿と隔てられているのではないだろうか（子どものメタ認知に関するレビューとしては、Flavell, 1978を見よ）。これらの能力は、我々の種においてごく最近進化したものに含まれるだろう。

ヒト同士を結びつけるこれらのユニークな社会的能力は、あまりにしばしば言語と混同される。なぜなら、これらの能力は言語によって急に実感されるものだからなのだ（ヒトの教育と言語との絡み合いようを考えてもみてほしい）。しかし、両者はまったく独立した能力であり、言語は別物なのだ。ヒトのように高度な社会的能力を備えた――そして言語を兼ね備えている／備えていない――仮想の生物を想像してみよう。言語によって変化が現れるのは、教育の効率くらいだろう。逆に、言語あるいはそれに匹敵する論証的な表象能力を備えた――そして高度な社会的能力を兼ね備えている／備えていない――生物を想像することだってできる。これまで、もっともシンプルかつ合理的に言語の存在を正当化するには、言語を、ヒトに特異的な社会的能力を完結させる道具とみなしさえすればよかった。しかし言語は、ヒトに特異的な属性として唯一のものではないし、特異的な属性のうちの主要なものですらないかも知れない。教育・美学・認知・社会的帰属・意識といったものも、言語と同様に主要な、ヒト特異的な属性だ。自分が属するヒトという種を理解しようと思うなら、言語によせる盲目的な情熱を捨て去って、いま目の前にあるような文章を読んだり書いたりしないことだ。

訳者解説——「動物のことば」の先にあるわたしたちのこころ

本書は、David Premack (1986) : "Gavagai!" or the future history of the animal language controversy. The MIT press. の全訳である。邦訳としては一九八九年に西脇与作氏の訳（『ギャバガイ——動物言語の哲学』産業図書）が出版されたが長年絶版となっていた。今回あらたに翻訳した。

著者のデイヴィッド・プレマックは、二〇世紀に生まれた心理学の巨人のひとりだ。一九二五年に米国サウス・ダコタに生まれ、一九五一年にミネソタ大学で実験心理学および哲学の博士号を取得後、ミネソタ大、ミズーリ大、UCSB（カリフォルニア大サンタバーバラ校）を経て一九七五年から一九九〇年までペンシルバニア大学の教授を勤めた。二〇〇四年には、アメリカ心理学連合（APS）よりウィリアム・ジェームズ・フェロー賞を受賞している。APSの受賞理由にあるとおり彼の研究は「五〇年以上に渡って輝かしい成果をもたらし続け、現代の心理学と関連領域に欠くことのできない複数の理論をうちたてた」。「心理学の核心となる深遠な問題」に取り組み、おこなってきた数々の実験は「つねにクリエイティブかつオリジナルなものだった」。研究者として、同僚たちからこんなふうに言われる以上の賞賛はちょっと思いつかない。そしてそれは、過ぎた評価には決して聞こえない。

第二次世界大戦中の従軍（一九四三‐一九四六）を挟んだせいだろう、研究者としてのプレマックのスタートは早いものではなく、一九五九年に三四歳で最初の論文を発表している（Premack, 1959）。とはいえ、ここからの一連の研究は、強化の本質が、それまで信じられてきたよりもダイナミックかつ繊細なものであることをあきらかにする画期的なものだった（たとえばPremack, 1961; 1962; 1965）。強化の相対性理論とでも言うべきこの理論は、現在では「プレマックの原理」と呼ばれている。そして、一九六四年に開始したチンパンジーを対象とした、比較認知とシンボル使用に関する研究は、プレマックの足跡のもうひとつの中心をなしている（たとえばPremack, 1971; Premack & Premack, 1972）。ふたたびAPSの受賞理由によれば、彼は「言語能力の有無に関する不毛な論争を飛び越え、さまざまな認知の局面において、チンパンジーの表象や推論能力が実際にどのようなものなのかをよりダイレクトにあきらかにした」。強化の問題を徹底的に検討したうえで、その強化を用いたチンパンジーのシンボル学習に挑んだのだ。チンパンジーが獲得したシンボル（トークン）操作をメディアとして用いることで、「色」や「異同」といった、言語において我々が通常想定するような意味論的概念操作と、複雑だが「表面的な」行動学習（たとえば「○○かつ△△であり、その時に××であれば◆◆する」というような条件の組み合わせを学習することだけで行動が成立している可能性）とを、巧妙な行動実験を通して峻別した。本書では、このトピックが中核となる。

プレマックの足跡として現在おそらく最も広く知られている"Theory of Mind（ＴＯＭ）"すなわち日本語で「心の理論」と呼びならわされている概念も、このプロジェクトに連なるものだ。意味論的概念に関するプロジェクトにつづいて、はじめてＴＯＭの概念を提示したウッドラフとの共著論文（Premack & Woodruff, 1978：ＰＷ論文）の八年後に出版された本書は、「ことば」の問題から「こころ」の問題へと接続されるプレマックの思考が、彼自身のことばで語られた貴重な記録といえる。

＝＝＝＝＝＝

ヒトの言語を厳密に定義して「動物にことばなんてない」と断じるか、あるいは、「うちのイヌ／ネコは……」といった主観的な経験をもとに積極的に支持する場合も含め「チンパンジーのことば」「イルカのことば」といった表現に特に抵抗を持たないか、どちらかの態度にわたしたちはとどまりやすい。「ヒト以外の動物は言語を使用しない」というのはたしかに自然科学的な事実だし、「ある気がする」という感覚があるのもまた、経験的な事実だ。「動物にことばがある／ない」いずれにせよ、どちらかの立場をシンプルに表明するのには、「それ以上考えなくてすむ」という利点がある。「動物は『部分的には』ことばがある」という立場を表明するにしてもこの点はあまり変わらない。「ことばはない」とは知りつつも身近な動物と通じ合っている感覚があったり、「こころが通じている」と信じつつも「でもそれは『ことばを通して』じゃないよな」と感じたりといった瞬間が、どの立場をとる人にも実はあるはずだ。かといって「どっちもありうるな」と訳知り顔でうなずいているだけではこの違和感は解消できない（人もいる）。探求すべきは、両者のスタンスのあいだにあるギャップなのだ。プレマックは、いずれの立場にも安住することなく、「あいだの道」を思考し掘り下げつづける。というよりも、それぞれの立場を相対化し、統合する原理を探りつづける。

わたしたちの日常に溢れるコミュニケーションは、他者に向けてことばを含めた多層的なメッセージを投げかけ、他者からのメッセージを受け取り、その背景にある意図や願望すなわち「こころ」を読み取り／読み取られ、細かな、時には致命的な誤解やずれを生じさせながらそれを克服しようとしつづける営みだ。首尾よく進むことが幸い大方なのだろうが、わたしたちは時々またはしばしば、その只中で「ほんとに言いたいこと」をうまく伝えられず身悶えたり（しかし「ほんとに言いたいこと」なんてあったのだろうか?）、想像もしなかった相手のリアクションに驚いたり、あるいは、日頃は意識にも上がることもない、自身や他者のこころという想定のあやふやさに呆然としたりする。

クワインが「ギャバガイ」という思考実験によって取り扱ったのは、異なる言語間での「翻訳不可能性」にとどまる問題ではなかった。「翻訳不可能」な事態は同一言語内にも生じるし、そもそも「語の意味とはなにか」という一般的な問題にも直結する、根源的な意味での「コミュニケーションの不可能性」の問題でもあった。もっともこのような問題は、研究者の間でも時折、思弁的に過ぎる議論として敬遠されたりしないわけでもない。「日常を見渡せばコミュニケーションは、不可能などころか世界中につつがなく溢れているのに、わざわざ『不可能性』に悩む必要がどこにあるの？」しかし「日常のコミュニケーションが成立する」という事実が実のところ示しているのは、「翻訳不可能性という問題設定そのものが誤りで実際には翻訳可能であること」ではない。ここで浮上するのは、このような不可能性が存在するにもかかわらずコミュニケーションが成立してしまう（かのようにわたしたちが知覚する）ことを可能にしている、わたしたち自身の情報処理システム「こころ」のメカニズムこそを検討すべきではないか、という新たな視野だ。

プレマックは、「ことばと対象」におけるクワインの問題設定に基本的に同意しつつ、同じ「ギャバガイ」問題を「類人猿のシンボル学習」（言語プロジェクト）およびイルカ、オウム、アシカ等を対象とした「動物言語論争」に見出した（もちろん、ヒト乳幼児の言語学習場面にも）。目の前を駆け抜けたウサギに対して、未知の言語を操る現地民が「ギャバガイ！」と叫ぶ。実験者が差し出したリンゴに対し、チンパンジーが「青三角形」を選択しボードに躊躇なく貼りつける。論理構造において、両者に違いはないのだ。では、チンパンジーが貼りつけた青三角形は、弁別行動を越えて、わたしたちにチンパンジーの認識世界のなにを語りかけるのだろう？　そこにはやはり「翻訳不可能」な事態が待ち受けているだけなのだろうか？

プレマックの真骨頂は、哲学的な思考と心理学の王道ともいえる実験手法とを接続し、こころやことばに関する透徹した考察を自然科学的な行動データとして示そうとする一貫した意志だ。本書において彼は、徹底した行動実験（これは、コミュニケーションにおける無窮的な修正過程にもなぞらえることができる）によって、「ギャバガイ」問題が克服可能であると提案した。実のところ率直に言えば、思考や実験が、すべてうまくいっているわけでは必ずしもなさそうだ。思考が荒削りだったり、実験に問題があったりすることもある。しかしそれは、誤解を恐れずにいうなら、些細なことだ。「(ヒト以外の) 動物にことばはあるか?」というナイーブな問いを超えて、こんなことを研究の具体的な視野に据えた「言語プロジェクト」など、他になかった。ダーウィン (Darwin, 1871) に端を発し、二〇世紀前半に開始されたケーラー (Köhler, 1917; 1925) やコーツ (Kohts, 2002) による類人猿の知性に関する心理学的研究を引き継ぎ、一九四〇年代にヘイズ夫妻ら (Hayes, 1951; Hayes, et al., 1953) によって着手された、家庭や実験室での人為的な介入 (環境の操作および明示的な訓練) によってヒト以外の種における「言語」の獲得可能性を検討する「言語プロジェクト」と呼ばれる一連の研究は、音声言語 (理解/発話)、手話、コンピューターを介したシンボル、プラスチック製トークン、と様々なメディアをもちいておこなわれ、また、対象種も最初期のチンパンジーから、ゴリラ、オランウータン、ボノボ、イルカ、アシカ、オウムと、「類人猿」の枠をこえて「動物言語プロジェクト」へと拡張されてきた。ただし、言語に対する認識や距離感は各研究の推進者によって多種多様であり、また、具体的に克服しようとしていた対立仮説もそれぞれに異なる (たとえばコンピューターを介した言語プロジェクトが克服しようとしたのは「賢いハンス」だった)。だが、その中でもプレマックが、一九六四年以来、サラと名付けた個体を主な対象としておこなった一連の研究は、「チンパンジーを対象に、プラスチック製トークンというメディアをもちいて実施した」と教科書的に片づけることなどできない、独自のものだったといえる。

プレマックらがおこなった、意味論的概念の研究については本文をお読みいただくとして、ここでは、本書で直接的にはそれほど取り扱われていないＴＯＭに関して、主にプレマック自身の研究に焦点をあてて検討することにしよう。本書においてプレマックは、ことばの背景にある知性（概念処理）を検証する方法論とその成果を提示した上で、「チンパンジーには会話ができない（かも知れない）」という印象的なフレーズをもちいながら、コミュニケーションの問題へと視点を拡張する。コミュニケーションを含む社会的文脈において、個体の知性は、文脈や多層的なシグナルの組み合わせを複雑に学習し計算しながら他個体の行動を予測しているのだろうか。もちろんそういう側面もある（実装可能性は別問題として、これだけあればチューリングテストは通過できるだろう）。しかし、わたしたちの日常の主観的経験は「それだけ」ではないことを告げているようにも思える。ここで浮上するのが、「こころ」という概念そのものだ。目に見えない「こころ」という内的な情報処理装置を想定することで、自他の行動の背景を（諸文脈と諸行動の複雑な組み合わせ学習に基づく予測ではなく）意図や願望というかたちで（よりシンプルに）表象することが可能になる。このような可能性を指摘するプレマックは、それを可能にするシステムをＴＯＭと名付け、チンパンジーにおけるＴＯＭの可能性を行動実験によって検証しようとした。

一九七八年に Behavioral and Brain Sciences 誌の創刊号に掲載されたガイ・ウッドラフとの共著論文「チンパンジーには Theory of Mind があるのか?」は、四〇年を経た今日も、心理学に留まらず神経科学・言語学・人類学・哲学などに渡る広い領域で引用され続け、わたしたちを刺激し続けている。この論文冒頭には、「ある個体がＴＯＭを持つ、とは、その個体がさまざまな心的状態を自己および他者（同種だけでなく、他種も含めて）に帰属している、ということである」と簡潔な定義が述べられている。

コミュニケーションにおいて個体が直接観察可能なのは物理的現象や行動および、（多層化された）その連鎖でしかない。しかしわたしたちはそこにそれ以上のもの、「こころ」というシステムをリアルに経験する。「こころが存在するとみなす根拠など論理的には見いだせない」という事実は、TOMを論じる際に重要な出発点になる。この出発点にもかかわらず、こころという共通基盤を自他に想定するおかげでコミュニケーションが成立してしまっているというパラドックスこそがポイントだ。プレマックらがこの推論システムを"Theory"と呼んだのは、「（帰属すべき）心的な状態は観察不可能」で、「このシステムによって、とりわけ他個体の行動に関する予測が可能になる」からであり、また、心的状態にあたるものとして具体的に挙げられているのは、最も広範に帰属される「目的や意図」をはじめ、「信じる、思う、好む、推論する、疑う、振りをする」（約束する、信用する）などだった。ここでの"Theory"を厳密に邦訳するならば、「理論」というより、「定石」とか「仮説」という語が適切そうだ。そこには例えば"It's only a theory!（そんなの机上の空論じゃないか！）"というのに近いニュアンスが含まれている。また、前置詞"of"は、文法的には「同格」と取るのが適当だ。つまり、TOMが指しているのは「こころ（＝mind）という（＝同格のof）セオリー（＝仮説・定石）」、すなわち、「自己および他者にこころという属性を帰属する（本来根拠のない）傾向」ということになる（橋彌、二〇一五、二〇一六）。

とはいえ実は、PW論文で呈示された方法論は、このTOMを、複雑な行動学習の結果としてもたらされた行動から分離することに成功していたとは必ずしもいえなかった。この論文に対するコメントとして、デネット、ベネット、ハーマン３名の哲学者が個別に、自他の信念が異なる文脈を設定することがＴＯＭを表面的な行動学習と峻別するには有効ではないかとの指摘をおこなった（Bennett, 1979; Dennett, 1978; Harman, 1979. ターゲット論文に対するオープンなコメントと、そのコメントに対する著者の応答が掲載されるのが掲載誌ＢＢＳの特色だ）。この可能性にはプレマックも気づいていたようで、先行する議論としてアメリカの分析哲学者デイヴィッド・ルイス（Lewis, 1969）を引用しながら、指摘の重要性に強く同意していた。数年後、これらの指摘を踏まえた上で、ヒト幼児を対象とした（言語を介した）実験として施行されたのが、ウィマーとパーナーによる「マキシ課題」（Wimmer & Perner, 1983）に端を発するいわゆる「誤信念課題」だった。同じ年に、プレマック夫妻は、構造的には同じく「誤信念課題」と呼べる課題をサラに試行し、ネガティブな結果を得たことを報告している（Premack & Premack, 1983）。この結果に基づいてプレマックは、（ネガティブ・データの解釈の難しさを述べながら）ＴＯＭに関する三つのレベルを提唱し、（ａ）こころを帰属することがない種（ｂ）入れ子の制約を除いて、制限なく帰属する種（ｃ）帰属はするものの、様々な制約が存在する種、が存在して、大多数の種は（ａ）、ヒトは（ｂ）、チンパンジーは（ｃ）にあたるのかも知れない、と、述べている。言語とは別個の問題として、チンパンジーが自他の知識を個別に表象する証拠は弱く、かれらのＴＯＭは、ヒトと比較して弱い、と結論づけている（Premack, 1988）。

一方でこの時期プレマックは、アン夫人と共に志向性や因果性の認知に関するヒト乳児の実験を発表していた（Premack, 1990）。たしかに対象種がチンパンジーからヒトに変わっているし、一見

ＴＯＭとは異なる研究テーマに着手したようにも見えるが、本稿で述べてきたことを踏まえれば、夫妻のヒト乳児研究において取り扱われた「物理的な現象の連続から因果性を抽出し、さらにそこに『志向性』を見出す心的なプロセス」は、観察された現象の背景に「こころというセオリー」を適用するという意味ではＴＯＭそのものなのだ。この意味で、プレマックの興味は極めて一貫している。一九九三年に開催されたシンポジウムにもとづいて、ダン・スペルベルとプレマック夫妻が編んだ論文集“Causal Cognition”(1995)における夫妻の論文“Intention as psychological cause(心理学的な原因としての意図)”に目を通しても、このことがよく分かる(Premack & Premack, 1995)。かれらは、四歳以降で(ようやく)パスするようになる古典的な誤信念課題を踏まえつつも、ミショットやハイダー&ジンメル(Heider & Simmel, 1944)に想を得た実験手法を、幼いヒト乳児に適用することで、ヒトにおける、こころというセオリーとしてのＴＯＭの発達的起源を探りつづけていた。

同じ時期にミシガン大のウェルマン(Wellman, 1990)が、自身が推進していたメタ認知の問題を自他関係に適用する際にＴＯＭという名称を「借用」(ウェルマン本人がそう述べている)し展開したことから、誤信念課題で扱われる入れ子的なメタ認知的側面が、ＴＯＭの中で強調されることになった。「マキャベリ的知性」の文脈で意図的な欺きの実現の前提となる自他の知識・注意状態の入れ子構造的理解に注目が集まったことも、この傾向を後押ししただろう(Byrne & Whiten, 1988; Whiten & Byrne, 1997)。ＴＯＭが本質的に自己言及的な性質を持ち、その点でメタ認知的側面を持つのはたしかだが、この時点でＴＯＭの指示対象が二重化したことが十分認識されないままにその後の多くの研究が進められ、結果的に混乱を招いた点は改めて確認しておく必要がある。プレマック自身は、最後の著書“Original Intelligence”の中で「誤信念課題がTOMの『ルビコン河』のようになってしまった」とやんわり指摘している（Premack & Premack, 2003）。「誤信念課題」課題を無批判に適用した結果を「『心の理論』がある／ない」というシンプルな言説に結び付け、ヒトと大型類人猿とのこころのありかたを峻別しようとしたり、発達過程を記述したり、あるいは、自閉スペクトラム症を特徴づけようとしたりすることができると考えるような研究の方向性は、すでに過去のものだ。しかし一方で、PW論文が持つ、「こころ」の存在を自明視してきた既存の認識を揺るがすだけの概念的インパクトと、それを思考のみに留めず行動実験によって検証する試みがその後の行動科学に及ぼした測り知れない影響は、現在にも生き続けている。今後のTOM研究において、このような「ふたつのTOM」を改めて認識する必要はあると思う。

＝＝＝＝＝＝

TOM概念が成立する前後の、関連する他の研究についても少し触れよう。本書の冒頭でも触れられているとおり、社会生物学・行動生態学の確立に伴って、一九七〇年代に、こころを、自然淘汰を通して成立した生物学的な適応メカニズムとして捉え、数理モデルを含めた自然科学的な研究対象とするパラダイムが可能になった（橋彌、二〇一三）。自己言及的な知性としての「こころ」という捉え方もこの潮流の中で表面化する。たとえばリチャード・ドーキンスの名著『利己的な遺伝子』（Dawkins, 1976）の中にも、「シミュレーション能力の進化は、主観的意識で頂点に達する。……意識が生じるのは、脳による世界のシミュレーションが完全になって、それ自体のモデルを含めねばならぬほどになったときであろう。」との指摘が現れる。このドーキンスの指摘に直接影響を及ぼしていると思われるニコラス・ハンフリーは、同じく一九七六年に「社会的知性仮説」を提唱した著書『内なる目』において、意識を自己言及的な知性と捉えた上で、その進化過程に関する魅力的な議論を展開している（Humphrey, 1986）。こういった議論で扱われている問題を、「こころ」という素朴心理学的存在を相対化した上で結晶化し、TOMという概念に結晶化した上で心理学の行動データと共に初めて提示したのが一九七八年のPW論文だったといえる。

とはいえ、先行する研究の直接的な影響を受けてプレマックのTOM研究が生まれた訳ではない。そのことは、本書の思考を追うことからもあきらかだろう。むしろプレマックの研究からは、クワイン、デイヴィッド・ルイス、さらにはギルバート・ライル（そもそもTOMというネーミングはおそらく、ライルの著書"The Concept of Mind"（邦訳『心の概念』）と呼応している）といった、分析哲学からの影響が強く感じられる（Ryle, 1949）。特に、並んだ哲学者たちの名前の多くにオックスフォードとの関わりがある点も興味深い。こういった影響を指摘することは、プレマックのオリジナリティをいささかも後退させるものではない。知の歴史を継承した上で自身の思考を徹底的に研ぎ澄まし、その上で、それを取り扱う自然科学的手法を考案し、検証する。そして彼の手には、「強化学習」という、行動データに着地するための強力な武器があったのだ。さらにはこれに先立って、「強化とはなにか」という根本からすでに彼は考え抜いてきていたのだった。「あるフィードバックが強化となりうるかどうかは、そのフィードバックの性質（たとえばそれが食物であるということ）によって定義されるのではなく、他のフィードバックとの相対的な関係によって決まる」というプレマックの原理そのものが、クワインの存在論的相対性の概念を想起させる点も興味深い。

＝＝＝＝＝＝

最後に、この分野の最近の研究動向を網羅して紹介することは「訳者解説」の領分を遥かに越えるので、具体的ないくつかの研究を一部だけ紹介させていただくことにしたい。

ＴＯＭという概念を通してヒトにおける個体間のネットワーク形成の前提となるシステムとしての「こころ」を相対化し検証することは、協力や共感、規範、それを通して成り立つ社会や文化の起源に迫る上でとても重要な作業となっている。統語論的な情報処理のみに依存せず、意図や志向性、知覚的共通基盤を前提として生じる相互顕在性がコミュニケーションにおける計算を可能にすることを提案し大きな影響を及ぼしたスペルベルとウィルソンによる関連性理論（Sperber & Wilson, 1981）や、同様な心的基盤が言語獲得を駆動するという議論（Tomasello & Bates, 2001; Tomasello, 2006 など）を考慮する時にも、「こころというセオリー」としてのＴＯＭは、そこで必要となる自己言及的な知性の実装様態として、議論をつなぐ横串のような役割を果たしているように思える。ヒトの協力の進化的基盤として「志向性の共有」を想定するトマセロの議論（Tomasello, 2009; 2014）や、ハンフリーの指摘した自己言及的な知性の進化を、利他行動が進化する上での駆動因として論じた巌佐の議論（巌佐、二〇一四）にも同様のことがいえるだろう。

大型類人猿のＴＯＭに関しては、今後の議論を駆動するであろう重要な結果がごく最近発表された。巧妙な実験デザインと視線計測技術によって、文脈によってはチンパンジーおよびボノボが誤信念理解を反映したと解釈できる注視パタンを示すことを報告した論文が Science 誌に掲載されている（Krupenye, et al., 2016）。これに先立って報告された、チンパンジーが、透明のアクリル板で隔てられた隣室のチンパンジーから要求されると、その個体が必要としている「道具」を的確に選択して手渡す（ただし自発的には手渡さない）ことを示した山本らの研究（Yamamoto, et al., 2012）を踏まえ、プレマック夫妻の報告も含めチンパンジーの行動におけるネガティブ・データを勘案すると、これらの研究はチンパンジーやボノボが「誤信念理解を含むＴＯＭを備えてはいるが、理解を基に自発的な行動をとらない」つまり、助けたりしない（その動機を持たない）という可能性を提示している。この可能性は、ヒトは「まずは協力し、その後柔軟に方略を変更する」という行動戦略をとる種である（チンパンジーはこの戦略をとらない）というマイケル・トマセロが提示した仮説（Tomasello, 2009）とも対応しているように見え、仮説そのものの妥当性や、そこでのＴＯＭの機能に関する議論も含めて、今後の研究展望を拓くものといえる。

非言語的研究手法を用いざるを得ないという研究パラダイム上の共通点からも、類人猿を含む動物の行動実験とヒト乳幼児を対象とした行動実験とは（まさにプレマックがその間を行き来したように）親和性の高いものだが、先ほど紹介した大型類人猿の誤信念研究パラダイムに先立つものとして、視線計測技術を用い、二歳児、および一歳半児における誤信念理解の可能性をあきらかにしたのが、Southgate, Senju & Csibra（2007）だった。ここで開発された手法は自閉スペクトラム症者の研究にも展開され、標準的な誤信念課題にパスし、ＩＱもマッチングされたアスペルガー者においても、定型発達者と異なり誤信念に基づく自発的な行動予測が見られないという重要な知見をもたらした（Senju, et al, 2009）。

また、自他間の入れ子的な心的状態の理解と向社会行動との関連に関しては、ヒトは一歳半頃には、自他の知覚・知識状態の差異に無関心ではいられない傾向を持つようになることが実験からあきらかになっている。一歳半児では、他者の注意・知識状態に基づいて自発的に「相手の知らないもの」を自発的に指さしてその存在を教えようとする行動が見い出せるのだ（Meng & Hashiya, 2014）。この傾向は、ヒトにおけるコミュニケーションの特徴の一端を示すものといえる。また、この傾向は自他の対面状況に限ったものではなく、視線計測をもちいた別の研究からは、モニターに提示された二名のモデルのうちひとりが「もうひとりが対象に注意を向けていることに気づいていない（かも知れない）」状況が生じると、そのモデルに注意をシフトする傾向が、一歳半で見られるようになる（それ以前の一歳児では見られない）こともあきらかになってきた（Meng, Uto & Hashiya, 2016）。ここで取り扱ったような自他間での注意・知識状態のギャップにもとづいた行動（指さし、注視にかかわらず）が成立するには、「私は知っている／相手は知らない」というふたつの情報ノードをメタ的に処理することが必要だ。対処すべき社会的文脈がもつ論理的構造を処理しつつ、自他間の注意・知識状態のギャップに自発的な関心を向け、場合によっては教えることでそのギャップを自発的に解消しようとするヒトの（定型発達的な）傾向が、古典的な誤信念課題をもちいた初期の研究で想定されていたよりもかなり早く、さらには種を越えても見出される知見が蓄積されてきた現在、ＴＯＭを巡る議論は、新たな転換点を迎えているといっていい。このタイミングで、プレマックが追いつづけた思考の一貫した大きな流れを見直すことには意義があるだろう。本書は、それを実現する上で重要な意味を持つと思う。

＝＝＝＝＝＝

「ギャバガイ」すなわち「翻訳不可能性」をタイトルに冠した本を翻訳するというのも、なかなか難儀な話だ。原書の副題“or the future history of the animal language controversy”は「あるいは動物言語論争の未来史」と直訳できるが、一九八六年の出版から三〇年を経たまさに「未来」にわたしたちがいることを踏まえ、また、「動物言語プロジェクト」においてプレマックが果たした役割を反映して、今回の邦訳では「動物のことばの先にあるもの」という副題を添えることにした。訳注は最小限にとどめたが、日本語での検索が可能な訳語を設定し、必要に応じて原語も併記しているので、ぜひ本書を入り口として、心理学・言語学・哲学を接続し往還するプレマックの思考の拡がりを追い、彷徨っていただきたい。アン夫人との共著で、研究を志す若い人々に向けて書かれた最後の著書“Original Intelligence”も邦訳（『心の発生と進化——チンパンジー、赤ちゃん、ヒト』）されているので、そちらを併せてお読みになることもぜひお勧めしたい（Premack & Premack, 2003）。

表紙のイラストは、吉田戦車さんが引き受けて下さった。お忙しい中、本書の内容を象徴する素晴らしい絵を仕上げていただき感謝しています。企画の段階から心強いサポートをいただき、お付き合いいただいた編集の永田悠一さんにも深く感謝します。研究会や授業の場で訳稿を検討してくださった「インタラクション研究会」のメンバーをはじめ、同僚、学生の皆さんにもお礼を申し上げます。

京都大学霊長類研究所の院生だった頃に、本書をはじめて読んだ時の衝撃を今も覚えている。一九九〇年代はじめのことで西脇訳『ギャバガイ――動物言語の哲学』はすでに絶版になっていたのだが、学会かなにかで通りかかった吉祥寺の古書店で見つけ、その後、原書も海外の古本屋から送ってもらって読んだ。読みこなすのに苦労したし、読みこなせていたのかどうかも怪しいが（その点は今でも変わらないともいえる）、当時の興奮から遡って、最初に本を見つけた店の棚まで鮮明に覚えている。ずっと後で、プレマックのもとに留学されていた松沢哲郎さんから「あのプラスチック記号は、カリフォルニア大時代にサーフボードを削って作ったんだ」とプレマックさんが話していたと伺ったが、そのプラスチックの小片の先に、こんなにも広大な世界が広がっていることに、感動したのだ。

私が最初に手に入れた西脇訳『ギャバガイ』の扉には、一九九八年にプレマックさんが奥様のアンさんと来日された時にいただいたおふたりのサインが並んでいる。二〇一五年に逝去されたプレマックさんにこの新邦訳の刊行をご報告できないのは心底残念で寂しいことだが、「読み継がれるべき古典」である本書が入り口となって、彼の思考が読み手を刺激し続け、引き継がれていくことを願っている。

橋彌和秀

■翻訳を進め解説を執筆するにあたって、新学術領域研究「共感性の進化・神経基盤」（#4501）および基盤研究（B）「『わたしたち』の起源：自己概念の拡張とその心理基盤の発達に関する多角的検討」（#26280049）の援助を受けた。

人名索引

■マ　行

■ヤ　行

■ラ　行

■ワ　行

参考文献

Armstrong, S. L., Gleitman, L. R., & Gleitman, H. (1983). What some concepts might not be. *Cognition*, **13**, 263-308.

Bates, E. (1979). *The emergence of symbols : cognition and communication in infancy*. New York : Academic Press.

Beer, C. (1976). Some complexities in the communication behavior of gulls. *Annals of the New York Academy of Sciences*, **280**, 413-432.

Klima, E. & Bellugi, U. (1966). Syntactic regularities in the speech of children. In J. Lyons & R. J. Wales (Eds.), *Psycholinguistic papers*. Edinburgh: Edinburgh University Press. pp. 183-208.

Bennett, J. (1976). *Linguistic behaviour*. New York: Cambridge University Press.

von Bertalanffy, L. (1968). *General system theory: foundations, development, applications*. New York: George Braziller.

Bickerton, D. (1984). The language bioprogram hypothesis. *Behavioral and Brain Sciences*, **7**, 173-221.

Bitterman, M. E. (1975). The comparative analysis of learning. *Science*, **188**, 699-709.

Bitterman, M. E. (1976). Incentive contrast in honey bees. *Science*, **192**, 380-382.

Bloom, L. (1973). *One word at a time*. The Hague: Mouton.

Bloom, L. (1974). Talking, understanding, and thinking: Developmental relationship between receptive and expressive language. In R. Schiefelbusch & L. Lloyd (Eds.), *Language perspectives: Acquisition, retardation, and intervention*. Baltimore: University Park Press. pp. 285-311.

Bloom, L., Rocissano, L., & Hood, L. (1976). Adult-child discourse: Developmental interaction between information processing and linguistic

knowledge. *Cognitive Psychology*, **8**, 521-552.

Bower, T. G. R. (1974). *Development in infancy*. San Francisco : W.H. Freeman. (T. G. R. バウアー　岡本夏木 訳 (1979)『乳児の世界：認識の発生・その科学』ミネルヴァ書房)

Bowerman, M. (1982). Reorganizational processes in lexical and syntactic development. In E. Wanner & L. Gleitman (Eds.), *Language acquisition: The state of the art*. Cambridge: Cambridge University Press. pp. 319-346.

Bresnan, J. (1978). A realistic transformational grammar. In M. Halle, J. Bresnan, & G. Miller (Eds.), *Linguistic theory and psychological reality*. Cambridge, MA: MIT Press.

Brewer, W. F. (1974). There is no convincing evidence for operant or classical conditioning in adult humans. In W. Weimer & D. Palermo (Eds.), *Cognition and the symbolic processes*. Hillsdale, NJ: Lawrence Erlbaum Associates. pp.1-42.

Brown, R. (1968). The development of WH questions in child speech. *Journal of Verbal Learning and Verbal Behavior*, **7**, 279-290.

Bruner, J. S. (1975). The ontogenesis of speech acts. *Journal of Child Language*, **2**, 1-19.

Carew, T. J., Walters, E. T., & Kandel, E. R. (1981). Associative learning in Aplysia: cellular correlates supporting a conditioned fear hypothesis. *Science*, **211**, 501-504.

Cerella, J. (1982). Mechanisms of concept formation in the pigeon. In D. J. Ingle, M. A. Goodale & R. J. W. Mansfield (Eds.), *Analysis of visual behavior*. Cambridge, MA: MIT Press. pp. 241-259.

Cheney, D. L. & Seyfarth, R. M. (1982). How vervet monkeys perceive their grunts: Field playback experiments. *Animal Behaviour*, **30**, 739-751.

Cheng, K. & Gallistel, C. R. (1984). Testing the geometric power of an animal's spatial representation. In H. L. Roitblat, T. C. Bever, & H. S. Terrace (Eds.), *Animal Cognition*. Hillsdale, NJ: Erlbaum. pp. 409-423.

Chevalier-Skolnikoff, S. (1977). The ontogeny of primate intelligence: Implications for communicative potential. In S. Harnad, H. Steklis, & J. Lancaster (Eds.), *Origins of language and speech*.

Chomsky, N. (1965). *Aspects of the theory of syntax*. Cambridge, MA: MIT Press. (ノーム・チョムスキー　安井 稔 訳 (1970)『文法理論の諸相』研究社出版)

Chomsky, N. (1980). *Rules and Representations*. New York: Columbia University

Press.（ノーム・チョムスキー　井上和子・神尾昭雄・西山祐司 訳（1984）『ことばと認識：文法からみた人間知性』大修館書店）

Danto, A. C. (1983). Images, labels, concepts, and propositions: Some reservations regarding Premack's "abstract code". *Behavioral and Brain Sciences*, **6**, 143-144.

Dennett, D. C. (1971). Intentional systems. *Journal of Philosophy*, **68**, 87-106.

Dickinson, A. (1981). *Contemporary animal learning theory*. Cambridge: Cambridge University Press.

Dobzhansky, T. (1955). *Evolution, genetics, and man*. New York: John Wiley and Sons.（テオドシウス・ドブジャンスキー　杉野義信・杉野奈保野 訳（1973）『遺伝と人間』岩波書店）

Dolgin, K. G. (1981). A developmental study of cognitive predisposition: A study of the relative salience of form and function in adult and four-year-old subjects. Dissertation, University of Pennsylvania.

Estes, W. K. (1969). New perspectives on some old issues in association theory. In N. J. Mackintosh & W. K. Honig (Eds.), *Fundamental issues in associative learning*. Halifax: Dalhousie University Press. pp. 162-189.

Estes, W. K. & Lauer, D. W. (1957). Conditions of invariance and modifiability in simple reversal learning. *Journal of Comparative and Physiological Psychology*, **50**, 199-206.

Fischer, S. (1978). Sign language and creoles. In P. Siple (Ed.), *Understanding language through sign language research*. New York: Academic Press. pp. 309-331.

Flavell, J.H. (1978). Metacognitive development. In J. M. Scandura & C. J. Brainerd (Eds.), *Structural/process theories of complex human behavior*. Alphen aan den Rijn, the Netherlands: Sijthoff and Noordhoff. pp. 213-247.

Fodor, J. A. (1966). How to learn to talk: Some simple ways. In F. Smith & G. A. Miller (Eds.), *The genesis of language*. Cambridge, MA: MIT Press. pp. 105-122.

Fodor, J. A. (1983). *The modularity of mind*. Cambridge, MA: MIT Press.

Fowler, A. (1984). Language acquisition in Down's syndrome children: Production and comprehension. Dissertation, University of Pennsylvania.

Galef, B. G. Jr. (1981). The Ecology of Weaning. In D. J. Gubernick & P. H. Klopfer (Eds.), *Parental Care in Mammals*. New York: Plenum. pp. 211-241.

Gardner, B. T. & Gardner, R. A. (1971). Two-way communication with an infant

chimpanzee. In A. M. Schrier & F. Stollnitz (Eds.), *Behavior of nonhuman primates. Vol. 4*. New York: Academic Press. pp. 117-184.

Gardner, B. T., & Gardner, R. A. (1975). Evidence for sentence constitutents in the early utterances of child and chimpanzee. *Journal of Experimental Psychology: General*, **104**, 244-267.

Gelman, R. & Gallistel, C. R. (1978). *The child's understanding of number*. Cambridge, MA: Harvard University Press.

Gillan, D. J., Premack, D., & Woodruff, G. (1981). Reasoning in the chimpanzee: 1. Analogical reasoning. *Journal of Experimental Psychology: Animal Behavior Processes*, **7**, 1-17.

Gleitman, L. R. & Wanner, E. (1983). Language acquisition: the state of the state of the art. In E. Wanner & L. R. Gleitman (Eds.), *Language acquisition: The state of the art*. New York: Cambridge University Press. pp. 3-48.

Goodman, N. (1965). *Fact, fiction, and forecast*. 2nd ed. Indianapolis: Bobbs-Merrill.

Greenfield, P. M. & Smith, J. H. (1976). *The structure of communication in early language development*. New York: Academic Press.

Grice, H. P. (1975). Logic and conversation. In P. Cole, & J. L. Morgan (Eds.), *Syntax and Semantics. Vol. 3, Speech Acts*. New York: Academic Press. pp. 41-58.

Griffin, D. R. (1976). *The question of animal awareness*. New York: Rockefeller University Press.

Guess, D. & Baer, D. M. (1973). An analysis of individual differences in generalization between receptive and productive language in retarded children. *Journal of Applied Behavior Analysis*, **6**, 311-329.

Haber, L. (1983). Language training versus training in relations. *Behavioral and Brain Sciences*, **6**, 146-147.

Harlow, H. F. (1949). The formation of learning sets. *Psychological Review*, **56**, 51-65.

Hayes, C. (1951). *The ape in our house*. New York: Harper. (キャシィ・ヘイズ 林 寿郎 訳 (1971)『密林から来た養女』法政大学出版局)

Hayes, K. J., Thompson, R., & Hayes, C. (1953). Concurrent discrimination learning in chimpanzees. *Journal of Comparative and Physiological Psychology*, **46**, 105-107.

Hayes, K. J. & Nissen, C. H. (1971). Higher mental functions of a home-raised

chimpanzee. In A. M. Schrier & F. Stollnitz (Eds.). *Behaviour of nonhuman primates. Vol. 4*. New York: Academic Press. pp. 50-115.

Hebb, D. O., & Thompson, W. R. (1976). The social significance of animal studies. In G. Lindzey & E. Aronson (Eds.), *The handbook of social psychology. Vol. 2, Research methods*. 2nd ed. Reading, MA: Addison-Wesley. pp. 729-774.

Hempel, C. G. (1965). *Aspects of scientific explanation*. New York: The Free Press.

Herman, L. M., Richards, D. G., & Wolz, J. P. (1984). Comprehension of sentences by bottlenosed dolphins. *Cognition*, **16**, 129-219.

Herrnstein, R. J., Loveland, D. H., & Cable, C. (1976). Natural concepts in pigeons. *Journal of Experimental Psychology: Animal Behavior Processes*, **2**, 285-302.

Hockett, C. F. (1959). Animal "languages" and human language. In J. N. Spuhler (Ed.), *The evolution of man's capacity for culture*. MI: Wayne State University Press. pp. 32-39.

Hockett, C. F. (1960). Logical considerations in the study of animal communication. In W. E. Lanyon & W. N. Tavolga (Eds.) , *Animal sounds and communication*. Washington, D.C.: American Institute of Biological Sciences. pp. 392-430.

Irwin, F. W. (1971). *Intentional behavior and motivation*. PA: Lippincott.

Johnson, D. E. & Postal, P. M. (1980). *Arc Pair Grammar*. NJ: Princeton University Press.

Karmiloff-Smith, A. (1979). Micro- and macrodevelopmental changes in language acquisition and other representational systems. *Cognitive Science*, **3**, 91-118.

Klima, E. S. (1975). Sound and its absence in the linguistic symbol. In J. F. Kavanagh & J. E. Cutting (Eds.), *The role of speech in language*. MA: The MIT Press. pp. 249-270.

Klima, E. S. & Bellugi, U. (1979). *The signs of language*. Cambridge, MA: Harvard University Press.

Köhler, W. (1925). *The mentality of apes*. London : Kegan Paul, Trench Truber & Co.

Kuhl, P. K. & Miller, J. D. (1975). Speech perception by the chinchilla: voiced-voiceless distinction in alveolar. *Science*, **190**, 69-72.

Labov, W. (1984). Intensity. Paper given at Georgetown Round Table, 15 March 1984.

Lenneberg, E. H. (1967). *Biological foundations of language*. New York : Wiley. (E.

H. レネバーグ　佐藤方哉・神尾昭雄 訳 (1974)『言語の生物学的基礎』大修館書店)
Lieberman, P. (1973). On the evolution of language: A unified view. *Cognition*, **8**, 59-94.
Lieberman, P. (1975). The evolution of speech and language. In J. F. Kavanagh & J. E. Cutting (Eds.), *The role of speech in language*. Cambridge, MA: MIT Press. pp. 83-106.
Lieberman, P. (1984). *The biology and evolution of language*. Cambridge, MA: Harvard University Press.
MacCorquodale, K., & Meehl, P. E. (1954). E. C. Tolman. In W. K. Estes, S. Koch, K. MacCorquodale, P. E. Meehl, C. G. Mueller, W. N. Schoenfeld, & W. S. Verplanck (Eds.), *Modern learning theory*. New York: Appleton-Century-Crofts. pp. 177-266.
Markman. E. M. (1983). The acquisition and hierarchical organization of categories by children. Paper prepared for the Carnegie Symposium on Cognition.
McClure, M., Gillan, D. J., Woodruff, G., Thompson, R., & Premack, D. Comparison of "natural reasoning" in children and chimpanzees. In preparation.
McNeill, D. (1974). Sentence structure in chimpanzee communication. In K. J. Connolly & J. S. Bruner (Eds.), *The Growth of Competence*. New York: Academic Press. pp. 75-94.
Mehler, J. & Bertoncini, J. (1981). Syllables as units in infant perception. *Infant Behavior and Development*, **4**, 271-284.
Menzel, E. W. (1973). Chimpanzee spatial memory organization. *Science*, **30**, 943-945.
Miles, H. L. (1983). Apes and language: The search for communicative competence. In J. de Luce & H. T. Wilder (Eds.), *Language in primates: Perspectives and implications*. New York: Springer-Verlag. pp. 43-61.
Miller, G. A. (1981). *Language and speech*. San Francisco : W.H. Freeman
Miller, G. A. & Chomsky, N. (1963). Finitary models of language users. In D. Luce, R. Bush, & E. Galanter (Eds.), *Handbook of mathematical psychology. Vol. 2*. New York: Wiley. pp. 419-491.
Miller, G. A. & Johnson-Laird, P. N. (1976). *Language and perception*. Cambridge, MA: Harvard University Press.

Morris, C. W. (1946). *Signs, language and behavior.* New York: Prentice-Hall.

Moynihan, M. H. (1970). Control, suppression, decay, disappearance and replacement of displays. *Journal of theoretical biology,* **29**, 85-112.

Newport, E.L. (1982). Task-specificity in language learning? Evidence from speech perception and American Sign Language. In E. Wanner & L.R.Gleitman (Eds.), *Language acquisition: The state of the art.* New York: Cambridge University Press. pp. 450-486.

Newport, E. L., & Supalla, T. (1980). The structuring of language: Clues from the acquisition of signed and spoken language. In U. Bellugi & M. Studdert-Kennedy (Eds.), *Signed and spoken language : biological constraints on linguistic form.* Wienheim : Chemie. pp. 187-211.

Pasnak, R. (1979). Acquisition of prerequisites to conservation by macaques. *Journal of Experimental Psychology: Animal Behavior Processes,* **5**, 194-210.

Passingham, R. E. (1982). *The human primate.* San Francisco: W. H. Freeman.

Patterson, F. (1978). Conversations with a gorilla. *National Geographic,* **154**, 438-46

Perlmutter, D. M. (1980). Relational grammar. In E. A. Moravcsik & J. R. Wirth (Eds.), *Syntax and semantics: Current approaches to syntax. Vol. 13.* New York: Academic Press. pp. 195-229.

Piattelli-Palmarini, Massimo. (Ed.) (1980). *Language and Learning.* Cambridge, MA: Harvard University Press.

Plooij, F. (1978). Some basic traits of language in wild chimpanzees? In A. Lock (Ed.), *Action, gesture, and symbol: The emergence of language.* London: Academic Press. pp. 111-132.

Popper, K. (1972). *The logic of scientific discovery.* New York: Hutchinson. (カール・ライムント・ポパー　大内義一・森 博 訳 (1972)『科学的発見の論理 上・下』恒星社厚生閣)

Premack, D. (1983). The codes of man and beasts. *Behavioral and Brain Sciences,* **6**, 125-136.

Premack, D. (1976). *Intelligence in ape and man.* Hillsdale, NJ: Erlbaum.

Premack, D. (1971). Language in Chimpanzee. *Science,* **172**, 808-822.

Premack, D. (1984). Pedagogy and aesthetics as sources of culture. In M. Gazzaniga (Ed.), *Handbook of cognitive neuroscience.* New York: Plenum. pp. 15-35.

Premack, D. (1975). Putting a face together. *Science,* **188**, 228-236.

Premack, D. & Premack, A. J. (1983). *The mind of an ape.* New York: Norton.

Premack, D. & Schwartz, A. (1966). Preparations for discussing behaviourism with a chimpanzee. In F.L. Smith & G.A. Miller (Eds.), *The genesis of language*. Cambridge, MA: MIT Press. pp. 295-335.

Premack, D. & Woodruff, G. (1978). Does the chimpanzee have a theory of mind. *Behavioral and Brain Sciences*, **1**, 515-526.

Putnam, H. (1975). The meaning of 'meaning'. *Minnesota Studies in the Philosophy of Science*, **7**, 131-193.

Pylyshyn, Z. W. (1980). Computation and cognition: issues in the foundations of cognitive science. *Behavioral and Brain Sciences*, **3**, 111-132.

Quine, W. V. (1970). On the reasons for indeterminacy of translation. *Journal of Philosophy*, **67** (6), 178-183.

Quine, W. V. O. (1960). *Word and object*. Cambridge, MA: MIT Press. (ウィラード・ヴァン・オーマン・クワイン　大出 晁・宮館 恵 訳 (1984)『ことばと対象』勁草書房)

Rescorla, R. A, & Wagner, A. R. (1972). A theory of Pavlovian conditioning: variations in the effectiveness of reinforcement and non reinforcement. In A. H. Black & W. F. Prokasy (Eds.), *Classical conditioning II: current research and theory*. New York: Appleton-Century-Croft. pp. 64-99.

Reynolds, P. (1972). Play, language, and human evolution. Paper presented at the Annual Meeting of the American Association for the Advancement of Science, Washington, D.C.

Rosch, E. (1975). Cognitive representation of semantic categories. *Journal of Experimental Psychology: General*, **104**, 192-233.

Rozin, P. (1976). The evolution of intelligence and access to the cognitive unconscious. *Progress in Psychobiology and Physiological Psychology*, **6**, 245-280.

Russell, B. (1940). *An inquiry into meaning and truth*. London: G. Allen and Unwin Ltd. (バートランド・ラッセル　毛利可信 訳 (1973)『意味と真偽性：言語哲学的研究』文化評論出版)

Sanders, R. (1980). The influence of verbal and non-verbal content on the sign language conversation of a chimpanzee. Unpublished doctoral dissertation, Columbia University.

Sankoff, G. (1980). Variation, pidgins and creoles. In A. Vaidman & A. Highfield (Eds.), *Theoretical orientations in creole studies* (139-164). New York: Academic Press.

Savage-Rumbaugh, E. S. & Rumbaugh, D. M. (1978). Symbolization, language, and chimpanzees: a theoretical reevaluation based on initial language acquisition processes in four young Pan troglodytes. *Brain and language*, **6**, 265-300.

Schwartz, R. (1980). How rich a theory of mind? *Behavioral and Brain Sciences*, **3**, 616-618.

Schusterman, R., & Krieger, K. (1984). California sea lions are capable of semantic comprehension. *The Psychological record*, **34**, 3-23.

Seidenberg, M. S., & Petitto, L. A. (1979). Signing behavior in apes: A critical review. *Cognition*, **7**, 177-125.

Skinner, B. F. (1935). The generic nature of the concepts of stimulus and response. *The Journal of General Psychology*, **12**, 40-65.

Slobin, D. I. (1977). Language change in childhood and history. In J. Macnamara (Ed.), *Language learning and thought*. New York: Academic Press. pp. 185-221.

Slobin, D. I. (1983). Universal and particular in the acquisition of language. In E. Wanner & L. R. Gleitman (Eds.), *Language acquisition: the state of the art*. Cambridge: University Press. pp. 128-170.

Slobin, D. I. (1979). *Psycholinguistics*. 2nd ed. Glenview, IL: Scott, Foresman.

Smith, E. E., & Medin, D. L. (1981). *Categories and concepts*. Cambridge, MA: Harvard University Press.

Spearman, C. (1937). *Psychology down the ages*. London: Macmillan.

Spelke, E. S. (1982). Perceptual knowledge of objects in infancy. In J. Mehler, M. F. Garrett, & E. C. Walker (eds.), *Perspectives on mental representation*. Hillsdale, NJ: Lawrence Erlbaum Associates. pp. 409-430.

Spiker, C. C. (1956). Stimulus pretraining and subsequent performance in the delayed reaction experiment. *Journal of Experimental Psychology*, **52**, 107-111.

Struhsaker, T. T. (1967). Auditory communication among vervet monkeys (Cercopithecus aethiops). In S.A. Altmann (ed.), *Social communication among primates*. Chicago: University of Chicago Press. pp. 281-324.

Terrace, H. S., Petitto, L. A., Sanders, R. J., & Bever, T.G. (1979). Can an ape create a sentence? *Science*, **206**, 891-902.

Thompson, R. K. R., & Herman, L. M. (1977). Memory for lists of sounds by the bottle-nosed dolphin: convergence of memory processes with humans? *Science*, **195**, 501-503.

Tolman, E. C. (1932). *Purposive behavior in animals and men*. New York: Century. (トールマン　富田達彦 訳 (1977)『新行動主義心理学：動物と人間における目的的行動』清水弘文堂)

Wanner, E., & Maratsos, H. (1978). An ATN approach to comprehension. In M. Halle, J. Bresnan, & G. Miller (eds.), *Linguistic theory and psychological reality*. Cambridge, MA: MIT Press.

Waters, R. S., & Wilson, W. A. (1976). Speech perception by rhesus monkeys: The voicing distinction in synthesized labial and velar stop consonants. *Perception & Psychophysics*, **19**, 285-289.

Wexler, K. & Culicover, P. (1980). *Formal principles of language acquisition*. Cambridge, MA: MIT Press.

Wimmer, H., & Perner, J. (1983). Beliefs about beliefs: representation and constraining function of wrong beliefs in young children's understanding of deception. *Cognition*, **13**, 103-128.

Woodruff, G. & Premack, D. (1979). Intentional communication in the chimpanzee: The development of deception. *Cognition*, **7**, 333-362.

Woodruff, G. & Premack, D. (1981). Primitive mathematical concepts in the chimpanzee: proportionality and numerosity. *Nature*, **293**, 568-570.

訳者解説

デイビッド・プリマック　西脇与作 訳 (1989). 『ギャバガイ――動物言語の哲学』産業図書

Bennett, J. (1978). Some remarks about concepts. *Behavioral and Brain Sciences*, **1** (**4**), 557-560.

Byrne, R. & Whiten, A. (1989). *Machiavellian intelligence: social expertise and the evolution of intellect in monkeys, apes, and humans*. New York: Clarendon Press/Oxford University Press. (リチャード・W・バーン　アンドリュー・ホワイトゥン 編　藤田和生・山下博志・友永雅己 監訳 (2004)『マキャベリ的知性と心の理論の進化論――ヒトはなぜ賢くなったか』ナカニシヤ出版)

Darwin, C. (1871). *The descent of man, and Selection in relation to sex*. London: John Murray.

Dawkins, R. (1976). *The Selfish Gene*. Oxford University Press. (リチャード・ドーキンス　日高敏隆・岸 由二・羽田節子・垂水雄二 訳 (1991)『利己的な

遺伝子』紀伊國屋書店）

Dennett, D. C. (1978). Beliefs about beliefs. *Behavioral and Brain Sciences*, **1** (**4**), 568–570.

Harman, G. (1978). Studying the chimpanzee's theory of mind. *Behavioral and Brain Sciences*, **1** (**4**), 576–577.

橋彌和秀 (2013). 訳者解説とあとがき　マイケル・トマセロ　橋彌和秀 訳『ヒトはなぜ協力するのか』勁草書房　pp. 135–153.

橋彌和秀 (2015). こころというセオリー――あるいは，Theory of Mind ふたたび　木村大治 編著『動物と出会うII 心と社会の生成』ナカニシヤ出版　pp. 77–83.

橋彌和秀 (2016). まなざしの進化と発達　子安増生・郷式徹 編著『心の理論――第2世代の研究へ』新曜社　pp. 27–38.

Hayes, C. (1951). *The ape in our house*. New York: Harper.（キャシィ・ヘイズ　林 寿郎 訳 (1971)『密林から来た養女』法政大学出版局）

Hayes, K. J., Thompson, R., & Hayes, C. (1953). Concurrent discrimination learning in chimpanzees. *Journal of Comparative and Physiological Psychology*, **46**, 105–107.

Humphrey, N. (1976). The Social Function of Intellect. In P. P. G. Bateson & R. A. Hinde (Eds.), *Growing Points in Ethology*. New York: Cambridge University Press. pp. 303–317.（ニコラス・K・ハンフリー　藤田和生 訳(2004)知の社会的機能　リチャード・W・バーン　アンドリュー・ホワイトゥン 編　藤田和生・山下博志・友永雅己 監訳 (2004)『マキャベリ的知性と心の理論の進化論――ヒトはなぜ賢くなったか』ナカニシヤ出版　pp. 12–28）

Humphrey, N. (1986). *The Inner Eye: Social Intelligence in Evolution*. London: Faber & Faber.（ニコラス・ハンフリー　垂水雄二 訳 (1993)『内なる目――意識の進化論』紀伊國屋書店）

巌佐庸 (2014). 進化学からみた思いやり　高木 修・竹村和久 編『思いやりはどこから来るの？――利他性の心理と行動』誠信書房　pp. 139–156.

Köhler, W. (1917). *Intelligenzprüfungen an Anthropoiden*. Berlin: Royal Prussian Society of Sciences.（ケーラー　宮 孝一 訳 (1962)『類人猿の知恵試験』岩波書店）

Köhler, W. (1925). *The mentality of apes*. London : Kegan Paul, Trench Truber & Co.

Krupenye, C., Kano, F., Hirata, S., Call, J., & Tomasello, M. (2016). Great apes anticipate that other individuals will act according to false beliefs. *Science*,

354, 110–114.

Ladygina-Kohts, N. N. (2002). *Infant Chimpanzee and Human Child: A Classic 1935 Comparative Study of Ape Emotions and Intelligence.* (Ed. by Frans de Waal, Trs. by B. Vekker) New York: Oxford University Press.(Дитя шимпанзе и дитя человека: в их инстинктах, эмоциях, играх, привычках и выразительных движениях 1935 Москва: Здание Государственного Дарвиновского Музея)

Lewis, D. (1969). *Convention*. Cambridge, MA: Harvard University Press.

Meng, X. & Hashiya, K. (2014). Pointing Behavior in Infants Reflects the Communication Partner's Attentional and Knowledge States: A Possible Case of Spontaneous Informing. *PLoS ONE*, **9** (**9**), e107579.

Meng, X., Uto, Y. & Hashiya, K. (2017). Observing Third-Party Attentional Relationships Affects Infants' Gaze Following: An Eye-Tracking Study. *Frontiers in psychology*, **7**, e2065.

Premack, A. J. & Premack, D. (1972). Teaching Language to an Ape. *Scientific American*, **227** (**4**), 92–99.

Premack, D. (1959). Toward empirical behavior laws: I. Positive reinforcement. *Psychological Review*, **66**, 219–233.

Premack, D. (1961). Predicting instrumental performance from the independent rate of the contingent response. *Journal of Experimental Psychology*, **61**, 613–171.

Premack, D. (1962). Reversibility of the reinforcement relation. *Science*, **136**, 255–257.

Premack, D. (1965). Reinforcement theory. In D. Levine (Ed.), Nebraska Symposium on Motivation (Vol. 13, pp. 123–188). Lincoln: University of Nebraska Press.

Premack, D. (1971). Language in Chimpanzee. *Science*, **172**, 808–822.

Premack, D. (1988). 'Does the chimpanzee have a theory of mind' revisited. In R. W. Byrne (Ed.), *Machiavellian intelligence: Social expertise and the evolution of intellect in monkeys, apes, and humans*. New York: Clarendon Press/ Oxford University Press. pp. 160–179. (デイヴィッド・プリマック　明和政子 訳 (2004)「チンパンジーは心の理論を持つか？」再考　リチャード・W・バーン　アンドリュー・ホワイトゥン 編　藤田和生・山下博志・友永雅己 監訳 (2004)『マキャベリ的知性と心の理論の進化論――ヒトはなぜ賢くなったか』ナカニシヤ出版　pp. 176–201)

Premack, D. (1990). The Infants Theory of Self-Propelled Objects. *Cognition*, **36** (**1**), 1-16.

Premack, D. & Premack, A. J. (1983). *The mind of an ape* (1st ed.). New York: Norton.

Premack, D. & Premack, A. J. (1995). Intention as psychological cause. In D. Sperber, D. Premack, & A. J. Premack (Eds.), *Causal cognition: A multidisciplinary debate*. New York: Clarendon Press/Oxford University Press. pp. 185-199.

Premack, D. & Premack, A. J. (2003). *Original intelligence: unlocking the mystery of who we are*. New York: McGraw-Hill (デイヴィッド・プレマック　アン・プレマック　長谷川寿一 監修　鈴木光太郎 訳 (2005)『心の発生と進化――チンパンジー，赤ちゃん，ヒト』新曜社)

Premack, D. & Woodruff, G. (1978). Does the chimpanzee have a theory of mind? *Behavioral and Brain Sciences*, **4**, 515-526.

Quine, W. V. O. (1960). *Word and Object*. Cambridge, MA: MIT Press. (ウィラード・ヴァン・オーマン・クワイン　大出 晁・宮館 恵 訳 (1984)『ことばと対象』勁草書房)

Ryle, G. (1949). *The Concept of Mind*. London: Hutchinson. (ギルバート・ライル　坂本百大・井上治子・服部裕幸 訳『心の概念』みすず書房)

Senju, A., Southgate, V., White, S. & Frith, U. (2009). Mindblind eyes: an absence of spontaneous theory of mind in Asperger syndrome. *Science*, **325** (**5942**), 883-885.

Southgate, V., Senju, A. & Csibra, G. (2007). Action anticipation through attribution of false belief by 2-year-olds. *Psychological Science*, **18** (**7**), 587-592.

Sperber, D. & Wilson, D. (1986). *Relevance: Communication and Cognition*. Oxford: Blackwell. (スペルベル，D.　ウイルソン，D.　内田聖二・中蓬俊明・宋南先・田中圭 訳 (1993)『関連性理論――伝達と認知』研究社出版)

Tomasello, M. (2006). *First Verbs: A Case Study of Early Grammatical Development*. Cambridge: Cambridge University Press.

Tomasello, M. (2009). *Why We Cooperate*. Mass: The MIT Press. (マイケル・トマセロ　橋彌和秀 訳 (2013)『ヒトはなぜ協力するのか』勁草書房)

Tomasello, M. (2010). *Origins of human communication*. Mass: The MIT Press. (マイケル・トマセロ　松井智子・岩田彩志 訳 (2013). コミュニケーションの起源を探る　勁草書房)

Tomasello, M. (2014). *A natural history of human thinking*. MA: Harvard University Press.

Tomasello, M. & Bates, E. (2001). *Language development: The essential readings*. MA: Blackwell.

Wellman, H. M. (1990). *The Child's Theory of Mind*. Cambridge, MA: MIT Press.

Whiten, A. & Byrne, R. (1997). *Machiavellian intelligence II: Extensions and evaluations* (*Vol. 2*). Cambridge: Cambridge University Press. (アンドリュー・ホワイトゥン　リチャード・W・バーン 編　友永雅己・小田 亮・平田 聡・藤田和生 監訳 (2004)『マキャベリ的知性と心の理論の進化論 2――新たなる展開』ナカニシヤ出版)

Wimmer, H. & Perner, J. (1983). Beliefs about beliefs: Representation and constraining function of wrong beliefs in young children's understanding of deception. *Cognition*, **13** (**1**), 103-128.

Yamamoto, S., Humle, T. & Tanaka, M. (2012). Chimpanzees' flexible targeted helping based on an understanding of conspecifics' goals. *Proceedings of the National Academy of Sciences*, **109** (**9**), 3588-3592.

付　録

表 1

社会的手がかりのテスト	正しい反応数／試行総数			
	訓練者 A		訓練者 B	
	統制	非統制	統制	非統制
見本合わせ	19/20	20/20	18/20	19/20
数字マッチング	13/20	8/20	10/20	9/20

著者紹介
デイヴィッド・プレマック（David Premack）
1925年生まれ。ミネソタ大学大学院修了（Ph D. in experimental psychology and philosophy）。ペンシルヴァニア大学心理学部教授を経て、同大学名誉教授。「プレマックの原理」「心の理論」などの研究で、心理学に多大な功績を残した。邦訳書に『心の発生と進化』（新曜社，2005）。2015年に逝去。

訳者紹介
橋彌和秀（はしや　かずひで）
1968年，広島県生まれ。1997年，京都大学大学院理学研究科博士後期課程修了。博士（理学）。九州大学人間環境学研究院准教授。訳書に『ヒトはなぜ協力するのか』（2013，勁草書房），著書に『インタラクションの境界と接続』（共著，2010，昭和堂），『知覚・認知の発達心理学入門』（共著，2008，北大路書房）。

ギャバガイ！
「動物のことば」の先にあるもの

2017年7月20日　第1版第1刷発行

著　者　デイヴィッド・プレマック
訳　者　橋　彌　和　秀
発行者　井　村　寿　人

発行所　株式会社　勁《けい》　草《そう》　書　房

112-0005　東京都文京区水道2-1-1　振替　00150-2-175253
電話（編集）03-3815-5277／FAX 03-3814-6968
電話（営業）03-3814-6861／FAX 03-3814-6854
港北出版印刷・松岳社

ISBN978-4-326-29924-9　Printed in Japan